江海平原上的特色作物

◎刘　建　主编

中国农业科学技术出版社

图书在版编目（CIP）数据

江海平原上的特色作物 / 刘建主编. -- 北京：中国农业科学技术出版社，2024. 9. -- ISBN 978-7-5116-7061-8

Ⅰ. S329.253

中国国家版本馆CIP数据核字第 2024JZ3390 号

责任编辑 贺可香
责任校对 李向荣
责任印制 姜义伟 王思文

出 版 者 中国农业科学技术出版社
北京市中关村南大街 12 号 邮编：100081
电 话 （010）82106638（编辑室） （010）82106624（发行部）
（010）82109709（读者服务部）
网 址 https: // castp.caas.cn
经 销 者 各地新华书店
印 刷 者 中煤（北京）印务有限公司
开 本 170 mm × 240 mm 1/16
印 张 10.25
字 数 200 千字
版 次 2024 年 9 月第 1 版 2024 年 9 月第 1 次印刷
定 价 98.00 元

作者简介

刘　建　男，1965年生，江苏如皋人。1984年毕业于江苏省南通农业学校，后获南京农业大学硕士学位，江苏沿江地区农业科学研究所（南通市农业科学研究院）研究员。长期从事耕作栽培、农作制度及生态农业等领域研究。主持承担了70多项科技项目，发表论文170多篇，主编（编著）出版著作15部，获省部级多项科技成果奖。曾获聘江苏省特粮特经高效生产模式创新团队首席专家（2013年）。现为中国农学会耕作制度分会第十届委员会委员、江苏省农业绿色发展研究会第一届理事会理事、南通市老科技工作者协会农业农村分会副会长，获“江苏省有突出贡献的中青年专家”“江苏省优秀科技工作者”“江苏省兴农富民工程优秀科技专家”等称号。

《江海平原上的特色作物》

编委会

主　　编：刘　建

副 主 编：魏亚凤　杨美英　薛亚光

编写人员（按姓氏笔画排列）：

石　吕　石晓旭　刘　建　刘　洪

严　谨　杨美英　宋居易　张丽华

徐耀辉　高于震　韩　笑　薛亚光

魏亚凤

前 言

在万里长江的入海口地域，有一片地势低平坦荡、水网稠密、河沟纵横的平原地。由于其是长江与黄海的冲击并相继与江海之中的一个个沙洲连接而成，人们称之为江海平原。江海平原位于江苏省东部，西起靖江孤山，东至启东圆陀角，北至如东洋口港“古长江口”，西北与里下河平原相接，南面长江。这片区域主要是现今的南通地区，因而也称之为南通平原。

新石器时代，海安青墩先民拓荒开地、始辟农耕。江海平原东部滨海区的成陆及开发以青墩为原点，后来的“扶海洲”“胡逗洲”“东布洲”等由西北向东南方向逐渐淤积生成。西汉以后，扬泰古沙嘴向东扩展，历经四次大规模的沙洲连陆，直至19世纪末到20世纪初，江海平原才逐渐自西向东、自北向南延伸扩展而大体形成。近两千年间，这里由大海中的片片沙洲发展成长江三角洲北部的广阔平原，在这个漫长的历史过程中，扬州、泰州的居民，北方南迁的移民，长江中上游的民众，长江以南的人民先后在这里汇集交融，在不断向江与海索取、向江与海拓展生存空间的生产、生活过程中，形成了特色鲜明的江海农耕文化。

江海平原属北亚热带海洋性季风气候，季风影响明显，四季分明，气候温和。年平均气温15 ℃左右，年平均日照时数1 900 ~ 2 100 h，年平均降水量1 000 ~ 1 200 mm。这里人多地少，精耕细作，名特作物众多。为了更好地传承江海农耕文化，助力土特产高质量发展，本书选取蘘荷、香芋、芋头、山药、萝卜、青皮长茄、黑塌菜、黄芽菜、黄花苜蓿、元麦、荞麦、蚕豆、赤豆、洋扁豆、薄荷、浙贝母、芦稷等17种较具代表性的特色作物，从基本概况、特征特性、区域特色、特色膳食和种植管理等五个方面进行介绍。其中：基本概况部分包括起源与分布、种植历史和利用价值等；特征特性部分包括形态特征、生长习性和品种类型等；区域特色部分包括农耕历史、传统生产、产业发展和名特产品等；特色膳食部分则简要介绍较为常见食用方法；种植管理部分包括整地播种、田间培管、产品收获和贮藏、模式技术推介等。在知识介绍时，力求简明系统，并注重吸纳最新的产业发展成果。

本书以江苏沿江地区农科所为主组成编写团队，南通市海门区农业干部学校徐耀辉、南通市通州区农林科教管理站张丽华、如皋市农林科技与信息中心严谨、南通荣凯农业科技开发有限公司高于震、如东县曹埠镇农业农村事业局刘洪等同志参与本书编写工作。特致以深深的谢意。

由于水平有限，尚有许多不当之处，敬请读者批评指正。

刘　建

2024年8月

目 录

一

蘘　荷

长在平原上的“山珍”

主要种植在如东县和如皋市下原镇等周边地区。通常是庭院种植和林果间作。以其花苞为主要食用部位，其芳香微甘、香味浓郁、质地脆嫩。可鲜食凉拌或是炒食，也可酱藏和盐渍。“下原蘘荷”“如东蘘荷”相继获国家农产品地理标志登记保护。

蘘荷林下间作

蘘荷规模种植

蘘荷大棚种植

未采摘的蘘荷花苞

采摘洗净的蘘荷花苞

蘘荷炒毛豆

（一）基本概况

1. 起源与分布

蘘荷系姜科姜属多年生草本植物，原产中国南部。别名有阳藿、野姜、茗荷、阳荷、蘘草、观音花、阳荷姜等。

蘘荷主要分布在四川、贵州、广西、湖北、湖南、江西、广东等地，生于林荫下、溪边，海拔300 ~ 1 900 m。江苏东南沿海地区也有分布。

蘘荷在日本叫作“茗荷”，可能是花苞在开花前的形和色跟未开的荷花有点相像的缘故。东京还有个叫“茗荷谷”的地方，可见它被引种到日本的历史也已很久。因其具有特殊的香气、色彩、辣味，是日本香菜类代表，被广泛利用在“小菜、汤、酢渍、油炸、酱菜”等日本料理中。

2. 种植历史

相传，神农尝百草，感觉蘘荷既可食用，又可入药。

虽说现在的蘘荷算不上常见蔬菜，可在古代，它的地位非常重要。周朝以前人们就开始食用它。蘘荷最早记载于《周礼》，至今已有约3 000年的历史。西汉刘向《九叹愍命》记载：“掘荃蕙与射干兮，耘藜藿与蘘荷。”《急就篇》中有“老菁、蘘荷冬日藏”的句子，可以看出蘘荷这样的蔬菜是当时冬季主要的贮藏品种。蘘荷古称覆菹，菹的本意是腌菜，至今四川人还用蘘荷作泡菜。

西晋文学家潘岳的《闲居赋》记载：“蘘荷依阴，时藿向阳。绿葵含露，白薤负霜。”《本草纲目》卷十五载：“蘘荷，荆襄江湖间多种之，北地亦有。春初生，叶似甘蕉，根似姜芽而肥，其叶冬枯，根堪为菹。其性好阴，在木下生者尤美。”文中将蘘荷的特征和生长特性表述得详细清楚。蘘荷不仅可以作为蔬菜食用，还具有活血调经、镇咳祛痰、消肿解毒、消积健胃等药用功效。

3. 利用价值

蘘荷主要用于特色蔬菜种植。嫩茎、嫩芽和花苞可凉拌或炒食，也可酱藏、盐渍，其芳香微甘、香味浓郁、质地脆嫩。蘘荷含有丰富的维生素、多种氨基酸、膳食纤维和芳香酯等，通常没有病虫害或是发生轻，不需要施用农药，化肥施用量较少，是一种天然无污染且营养价值很高的珍稀蔬菜。蘘荷具有较高的营养保健功能，经常食用，能够强身健体、润泽肤色、延缓衰老。经保鲜处理的蘘荷畅销日本及东南亚等地。

蘘荷根茎可入药，有止咳祛痰的功效。

蘘荷还具有很强的观赏性。植株形若修竹，在春日和炎夏里，碧叶婆娑，葳蕤成丛。每当秋风萧瑟、百花纷谢时节，其根茎处便涌现出硕大的紫红色蕾果，开裂时妖艳妩媚、芬芳怡人，犹如奇花绽放。蘘荷优美形态还可以用于城市园林、花坛的绿化造景、装饰点缀，尤其适宜庭院种植及盆栽观赏，不仅野趣横生、使人赏心悦目，夏、秋之际，其怡人的清香还具有驱蚊避虫的奇特功效。有一首诗名这样赞美道："平生夏日舍边阴，掰出秋光紫青衿。不与莲荷争丽色，仿效竹笋顶尖吟。"

（二）特征特性

1. 形态特征

蘘荷株高可达1.5 m。地下有匍匐茎，微有芳香味。匍匐茎上向下抽生肉质根，肉质根上着生大量须根，部分肉质根顶端肥大成小球状。

春季升温后，从地下茎节上抽生紫红色嫩芽，见光后渐转绿色。叶鞘紫色，紧裹嫩芽（俗称蘘荷笋）。叶稍散开后，逐渐抽长成茎、叶。

植株丛生，叶互生，绿色，叶片狭椭圆形或线状披针形，长30～35 cm、宽约10 cm，叶背被极疏柔毛至无毛。叶舌膜质。

夏秋间，花轴自地下茎抽出，多花密聚，成穗状花序，紫红色的肉质鳞片排成两列，紧密包裹。花淡黄色或白色，唇瓣倒卵形，浅紫色，花丝极短。蒴果内果皮红色，倒卵形，成熟时3裂。种子黑色，圆球形，披白色假种皮。7—9月开花，9—11月结果。

2. 生长习性

蘘荷喜肥沃、疏松、湿润、凉爽环境，较耐阴，不宜高温与强光。地温10 ℃以上开始萌发出土，气温20 ℃以上生长迅速，开始萌发嫩芽，其主要食用的花轴由地下茎向上抽生而成。蘘荷的生长适温为20～30 ℃，35 ℃高温仍能正常生长，秋冬气温降至15 ℃以下时，生长缓慢，直至停止生长，地下茎能耐短时-8～-6 ℃的低温。怕旱又忌涝。对土壤条件要求不严，但以含有机质多、疏松、中性或微酸性土壤为佳，对钾肥需求量较大。

蘘荷在第3～4年为盛收期，第5年产量明显下降，因此需及时更新再植。

3. 品种类型

蘘荷株高1.0～1.5 m。根茎白色，微有芳香味。花苞呈纺锤形，苞片包裹紧密，尖部紫红，下部泛白，有光泽，形状美观。根据其花轴鳞片的颜色不同，可分为红蘘荷和白蘘荷。

红蘘荷：纤维含量较高，花轴直径一般小于2 cm，采收上市时间可比白蘘荷早10 d左右，主要适于国内消费。

白蘘荷：纤维含量低，花轴直径2～3 cm，既可用于国内销售，也符合加工出口的要求。

（三）区域特色

1. 农耕历史

南通地区的蘘荷种植历史悠久，主要分布在如东、如皋和通州等地。根据清嘉庆九年（1804年）《如皋县志》记载，当时民间已有种植食用蘘荷的习惯。

如东县的蘘荷种植规模较大。相传，唐朝鉴真和尚东渡日本时，从南通（其时为扶海洲）将蘘荷带到了日本，从此日本就有了蘘荷种植，蘘荷在日本被称茗荷，应为阳荷的变音。改革开放后，因为如东蘘荷出口到日本的市场量逐年增加，为了开拓日本市场，部分文献才开始称“茗荷”。现今，日本的茗荷与本地区的蘘荷品种相近，纤维细腻，其口味相似，这些特征是其他地方所不具备的，也就成了日本从江苏南通等地进口蘘荷的主要原因。

如皋市的蘘荷种植，主要集中在下原镇及周边等地。下原，古称下驾原，明万历三十九年（1611年）《陈氏宗祠碑记》记载：“相传春秋时吴王夫差与鲁昭公曾相会于此”，因此而得名。传说乾隆皇帝下江南时，“下驾”此地，品尝了下原的蘘荷系列菜品，赞不绝口，流连忘返不肯离去，更加赋予了下原镇深厚的历史文化内涵和人文色彩，“下原蘘荷”由此得名。“下原蘘荷”种植历史悠久，1933年《如皋县志》中有下原蘘荷种植的记载，规模化种植始于20世纪80年代，并持续至今。2001年《如皋年鉴》记载：创建“一村一品”区域特色经济，以进圣村为中心推广种植下原蘘荷，带动全镇及周边乡镇收入增长，年产值达5 000多万元。

2. 传统生产

南通的蘘荷种植地，具有独特的夜潮壤土和沿海性气候，加之其特有的栽培管理方法，使得该地域所产的蘘荷口感细嫩，味道鲜美。

蘘荷喜阴，通常在房屋周边临墙种植，而大多把它种在屋后的房檐下面，长长的一排，受檐水的滋润，盛夏时长成浓绿的一片，这样既能保护房墙以防墙基被屋檐的雨雪水冲刷流失，又能收获蘘荷产品。雨天或风天，风声呼呼，雨声沙沙，蘘荷的茎叶随风倾斜，招摇出一道很美的风情。

蘘荷的可食用部分是蘘荷根旁长出似“笋”状的花苞，盛夏时生出，出土时呈紫红色（也有一种是白色），嫩生生的很可爱，出芽后不久就可以采摘食用。这里的乡民习惯把采蘘荷叫“掰蘘荷”，一个“掰”字多了几分蘘荷的泥土气息和乡土的味道。夏末秋初是蘘荷的采收季节。初出的蘘荷花苞身披绛紫色或青绿色外衣，待花苞的大半个身子探出地面，“小嘴儿”稍稍张开，却又未及全部张开的时候，便是最佳的采收时期。采收蘘荷早了，那种辛香味没有充盈圆满，味道不足；而采迟了，又会失去鲜脆的特性，纤维老化，口感差。

笋状花苞切开后，切口呈现的是白生生的内心和绛红色（或青绿色）边须，给人一种超凡脱俗的清新，特别是在烦闷炎热的夏秋时节，更是带给人一份的清凉美好感受。花苞老了，会开出乳黄色或白色花朵，兰花般清新淡雅，因为是在泥土里开花，便有了观音花的别号。

传统生产上，蘘荷多零散种植，大多是自食和互赠尝鲜，极少面市。采摘的蘘荷花苞生长于地下，极少有病虫害，不需要施用化肥农药，属于典型的天然无污染的稀有蔬菜，香味浓郁，因此深受人们青睐。冬去春来，蘘荷就是这样周而复始地生长，默默地为人们带来舌尖上的美味。

3. 产业发展

随着居民对蘘荷保健功能的不断认识，市场需求量越来越大，不少地方已逐步转向大田规模化生产。利用蘘荷的耐阴性，进行林地、果园内套种，不仅可以大幅度提高种植效益，还可有效抵御单一种植的市场风险。这一模式已在如东、如皋等蘘荷产地的梨、桃、银杏等果园应用。利用大棚覆盖早春增温保温，促进蘘荷早生快长，蘘荷产品能在6—7月采收，较露地栽培早上市30～40 d，经济效益成倍增加。

近年来，如东县大豫镇农场社区、岔河镇振兴村和如皋市下原镇、九华镇等地，相继建起了蘘荷种植核心区，加大力度推进蘘荷产业发展。因地制宜加强规模化种植基地建设，建立“经纪人+基地+农户”运行模式，加强品牌建设和专业种植经营主体培育，不断拓展市场，蘘荷产品成了人们的抢手货，在社会上产生了较大影响。

4. 名特产品

【下原蘘荷】

2020年4月，中华人民共和国农业农村部对“下原蘘荷”实施农产品地理标志登记保护。地理标志地域保护范围包括南通市如皋市所辖下原镇、九华镇、白蒲镇、磨头镇共计4个乡镇47个村（居）。地理坐标：北纬32°04′48.89″～32°18′50.6″，东经120°29′3.2″～120°49′22.19″。

外在感官特征：花苞呈纺锤形，颜色紫红，长5～8 cm、直径1～2 cm、单苞重5～6 g，熟制后，口感脆嫩，姜味芳香，略带麻涩，回味微甘。

内在品质特色：下原蘘荷的蛋白质≥0.68 g/100 g，总糖≥0.75 g/100 g，膳食纤维≥1.45 g/100 g，维生素C≥1.0 mg/100 g。

【如东蘘荷】

2021年6月，中华人民共和国农业农村部批准对“如东蘘荷”实施农产品地理标志登记保护。地理标志地域保护范围包括南通市如东县所辖掘港街道、城中街道、大豫镇、长沙镇、外向型农业综合开发区、洋口镇、丰利镇、袁庄镇、栟茶镇、河口镇、新店镇、双甸镇、岔河镇、马塘镇、曹埠镇共计15个区镇（街道）227个行政村。地理坐标：北纬32°12′～32°36′，东经120°42′～121°22′。

外在感官特征：花苞为纺锤形，形如小竹笋，苞片包裹紧密，尖部紫红，下部泛白，有光泽，形状美观。单苞平均重20 g。

内在品质特色：每100 g如东蘘荷中蛋白质含量≥0.75 g，18种氨基酸齐全；维生素C含量≥2.5 mg。膳食纤维15%～20%；有机硒含量≥0.6 mg/kg。

（四）特色膳食

蘘荷的食用部分主要是花苞，嫩芽和嫩茎也可供食用。蘘荷的吃法很多，煎、炒、炖、烧均可。

蘘荷花苞是夏秋时节的一道美味食材。食用时，需先把蘘荷上的淤泥洗净，外层皮扒掉，蘘荷去蒂切成片，可鲜食凉拌或是炒食。

鲜食凉拌时，可先把蘘荷焯水约0.5 min，捞出装碗，放入生抽、香醋、盐和糖，再淋些香油，搅拌均匀即可。也可以把清洗干净的蘘荷切成片，用食盐腌10～15 min后挤干水分，加入生抽食用油等调料拌匀食用。凉拌蘘荷，口感细嫩清脆，清苦鲜美，辛香味浓。

蘘荷炒食时，比较常见的有蘘荷炒毛豆、蘘荷炒鸡蛋和蘘荷炒文蛤等。

蘘荷炒毛豆则是最经典的一种食用方法。南通人吃蘘荷，喜欢与毛豆一起炒。毛豆有一种鲜甜的味道，正好中和了蘘荷的清苦味，而毛豆也渗入了蘘荷独特的药辛味而变得更加醇香，夏天吃这道菜，更是觉得开胃爽口。绝大多数人认识南通的蘘荷，也是从一盘蘘荷炒毛豆开始的。蘘荷炒毛豆时，在锅中放水加少许盐煮沸，把毛豆焯至色泽翠绿、七八成熟捞出沥水；炒锅加油后加热至有烟冒出后放入蘘荷爆炒，加入黄酒炝锅，加入白糖去除蘘荷的苦味，加入鸡精提鲜，加精盐调味，有汤汁渗出后加入毛豆煸炒，待毛豆入味后起锅装盘即可。

蘘荷炒鸡蛋是家常的食用方法。将蘘荷洗净，对半切开，切成丝；鸡蛋打散，热锅冷油炒好后盛出备用；锅里放油，倒入切好的蘘荷丝翻炒，加入适量盐后再翻炒均匀；倒入炒好的鸡蛋，翻炒均匀即可。

近年来，还相继开发出蘘荷春卷、蘘荷肉圆等翻新吃法。除凉拌或是炒食外，也可与辣椒制成泡菜或酱藏、盐渍。

（五）种植管理

蘘荷多年生，通常4～5年更新一次。蘘荷虽开花结实，但种子发芽率低，生长缓慢。采用地下茎繁殖，植株生长快，定植当年就能有少量的花苞采收，因而采用地下茎分割来进行繁殖。主要是庭院种植和林果间作，秸秆半腐熟覆盖栽培，生产上要重施有机肥。

1. 整地定植

选择土壤肥沃疏松、耕层深厚、湿润阴凉和有机质含量较高的地块种植，通常是家前屋后、树下及树旁。种植蘘荷，低湿地需制成高垄，高燥地宜低畦，以保持适宜的土壤湿度。栽种两行的畦幅以120 ~ 130 cm为宜，株距40 ~ 50 cm。栽种单行的畦幅以100 cm为宜，株距30 ~ 40 cm。

从植株茎叶凋萎到地下茎萌动前的整个冬季和早春均可定植。在栽种范围内，定植早生长好。当延迟到地下茎萌动时定植的，植株生长不良。

挖出4 ~ 5年生的蘘荷地下茎，挑选粗壮、饱满、无病虫害的茎段，用剪刀剪成10 ~ 15 cm长的小段，每段留有2 ~ 3个芽。晾晒2 ~ 3 d，待伤口愈合后，用作播种材料。

定植时，先掘穴施用基肥，种植穴直径40 cm、深26 cm，每穴施用厩肥及磷肥，并使肥料与土充分拌和，并填入穴中，肥土低于畦面13 cm。播种材料平放穴内，芽朝上，稍揿压，使之与土壤密切接触。要浇足定植水。

2. 田间培管

定植第一年必须适当遮阴。移栽成活后的田块，来年春季出苗后，结合中耕除草（5—6月）施腐熟有机肥，促进苗株生长健壮整齐一致，提高品质与产量。

蘘荷春季嫩芽出土，要用堆肥覆盖。6月下旬—8月中旬的花穗形成时，要用油菜籽壳或是短细的大麦、小麦秸秆等覆盖遮光保湿，促进蘘荷花轴软化脆嫩，并方便采收。

蘘荷喜湿不耐旱，天气干旱、墒情不足时要及时灌水，保持土壤湿润，水分过多时要排水降湿。追肥时浇透水，促进肥料的吸收利用。

3. 产品收获

蘘荷以食用花苞为主，嫩芽和地下茎也可食用。

蘘荷花苞通常在7月下旬至9月中旬采摘，花苞出土、约60%露出地面未开花前将其掰下，此时产量最高、品质最好，提早采收产量较低，过晚则组织硬化，品质下降。加工出口要求花苞直径在2.2 ~ 3.0 cm。采收后低温阴凉保存。

若食用蘘荷嫩芽，应在长度为13 ~ 16 cm、叶鞘散开前进行采收，注意不宜采收过多，否则会影响花轴花苞的形成。

若食用蘘荷地下茎，大多在晚秋采收，同时可选留种茎。

4. 模式技术推介

【蘘荷大棚种植】

蘘荷采用大棚覆盖种植，能促进蘘荷早生快长，从而大幅度提早采收，增加效益。

定植管理：按露地种植要求施好基肥，1月中旬定植，定植后及时架设大棚并覆膜。2年生以上的蘘荷，立春后覆膜保温，促其萌芽。注意防控生长前期杂草。

温度控制：覆膜后35 ~ 40 d开始出苗。出苗后，棚内白天温度控制在20 ~ 25 ℃。叶龄4 ~ 5片时，加大通风量，棚内白天温度控制在18 ~ 20 ℃，晴天中午不超过25 ℃。5月中旬，当气温稳定15 ℃以上时揭膜。

肥水管理：蘘荷齐苗后，追施薄粪水，促进嫩苗生长。当地上茎长至13 ~ 15 cm时，每亩追施尿素10 ~ 12 kg，促进茎叶生长，大棚相对湿度控制在70%以上。揭膜后，当天气干旱、土壤墒情不足时，选在傍晚时灌水，保持土壤湿润，雨水过多时及时排水降渍。

中耕化控：蘘荷花轴抽生前，结合灌水进行浅耕除草。中耕后，用碎秸秆覆盖土表遮光保湿。蘘荷主茎13 ~ 14叶期，每亩用多效唑50 g兑水50 kg，选在傍晚时叶面喷施，控制株高、促进健壮生长。

二

香 芋

沙地里的稀有“珍品”

主要种植在海门区和通州区、启东市部分地区。通常庭院种植或是大田种植，需要搭架引蔓。以形似小土豆状的块根供食用，有豆的清香，久煮不糊，粉而不散，入口清香微甘，食后回味悠长。可红烧、清煮、煲汤或与荤菜搭配。“海门香芋”获国家农产品地理标志登记保护。

香芋规模种植

香芋庭院种植

采收的香芋块茎

清洗后的香芋块茎

香芋块茎及切成的片状

凉拌熟香芋

香芋烧茶干

香芋烧竹鸡

（一）基本概况

1. 起源与分布

香芋系豆科土栾儿属多年生草本植物，原产北美洲，因其地下块根形似薯芋、味甘芳香而得名。别名菜用土栾儿、食用土栾儿或美洲土栾儿等。

香芋在山东、江苏、上海、云南、贵州等地有少量栽培。

2. 种植历史

相传，香芋早在明代就从美洲引入我国。我国最早有关于香芋记载的是《农政全书》，称其为极其珍贵的蔬菜。

《红楼梦》中就有关于香芋的记载，第十九回《情切切良宵花解语，意绵绵静日玉生香》中描写到贾宝玉逗趣，胡诌故事为林黛玉打岔，说什么扬州林子洞老鼠成了精，腊八节去偷香芋。这个“香芋”就是此书这里所指的“香芋”，因为那时扬州东乡有少量生产。由于也有把芋头（芋艿）叫作香芋的，《红楼梦》第五十回中曾提：“李纨命人将那蒸的大芋头盛了一盘，又将朱橘、黄橙、橄榄等物盛了两盘，命人带给袭人去。”说明曹雪芹把芋头和香芋两个物品还是分得很清。

明朝有诗赞道：“东田芋子白如石，西田芋子黄如栗。色白滑流匙，栗黄甜似蜜。我今采石兼采栗，渴可生津饥得力。豪华公子不解吸，翻嫌此芋点茶多气息。”诗中所说的“白如石”的芋子指的是芋头（芋艿）；而“黄如栗”“甜似蜜”的则是香芋。

3. 利用价值

香芋块根呈球状，形似小马铃薯，表皮黄褐色、肉白色，肉质似薯类，味道既不同于山芋、芋艿，又异于马铃薯，而更似板栗，甘爽芳香，味道独特，食后余味无穷。

香芋营养丰富。块根去皮后可食部分，蛋白质含量是山药和马铃薯的2.3倍；氨基酸含量分别是山药的1.4倍、马铃薯的2.5倍；淀粉含量是山药的1.6倍、马铃薯的1.4倍；总糖含量是山药的7倍、马铃薯的1.5倍，且以蔗糖为主（占总糖含量的72%）；矿物质含量是山药的2.4倍、马铃薯的2.9倍；钾含量最高（达到386.1 mg/100 g），是山药和马铃薯的1.7倍，可以作为补充钾的很好食源。香芋块根有含量较高的抗性淀粉，不溶性膳食纤维占总膳食纤维99%，磷和镁含量也较为突出，是一种集蔬菜、粮食、药膳于一体的稀有植物。

（二）特征特性

1. 形态特征

香芋在地表下约7 cm处着生匍匐茎，其上陆续形成块根，块根呈不正卵圆形、椭圆形或圆形，长3～8 cm，表皮土黄色，表皮光滑或者有不规划断续轮纹，块根的肉色洁白，质地致密。如作多年生栽培，年限越长，块根的单体越大。

香芋球根顶部突起发芽、向上生长，发育成茎蔓。植株茎蔓具无限生长习性，右旋缠绕攀缘向上生长，茎蔓长2.5 m以上，多数为假二叉分枝。

叶互生，奇数羽状复叶，小叶卵圆形，叶缘光滑无齿。

花从茎蔓的叶腋发生，复总状花序，小花密生，花朵无梗，直接着生在花轴上，蝶形花冠，花冠淡绿色或紫褐色，翼瓣淡红紫色，具芳香。6月起开始开花至9月，但不结实。

2. 生长习性

香芋喜温暖湿润。块根在10 ℃时开始萌发，茎叶生长最适温度25～30 ℃，遇霜茎、叶枯死。块根生长最适温度为21～24 ℃，较耐寒，在长江中下游地区可露地越冬。

香芋属短日照植物，但对日照长短的要求不严格，短日照能促进块根的形成和膨大，生产上要求中等光照强度，光照过强易引起日灼病。香芋前期怕涝，后期怕旱，忌干旱和过分潮湿环境，更怕积水渍害。香芋发芽期要求保持田间最大持水量的65%左右，以利发芽和扎根。出苗后，块根生长前期需水不多，但生长盛期不能缺水，以保持田间最大持水量的70%～80%为宜。

以土层肥沃、疏松、保肥保水能力强、通透性良好的沙壤土为宜，过于黏重的土壤及盐碱地不宜种植，最适宜生长的土壤pH值6.5～7.0。

3. 品种类型

生产上，习惯将香芋分为粗皮香芋和细皮香芋两种类型。其中：粗皮品种的块茎个体较大，表皮粗糙，产量较高，但肉质较粗、品质较差；细皮品种的块茎个体较小，呈圆形或不规则椭圆形，外皮黄，表皮光滑，肉质洁白细腻，香味浓，但产量较低。

根据植株复叶的小叶数多少，还可将香芋分成三叶和五叶等品种类型，习惯上把复叶小叶数为三叶、五叶的品种俗称为“三叶香”“三叶头”“五叶香”“五叶头”。①“三叶香”品种：长势较旺，茎粗，复叶中小叶片明显大、呈深绿色，叶片厚，花的翼瓣黄青色，块根大，生育期较长，只需栽培1年，就有较高的经济产量。②“五叶香”品种。长势较弱，茎较细，复叶中小叶片小、呈黄绿色，叶片薄，花的翼瓣淡紫色，块根小，该品种栽培1年无多大经济产量，需连续生长2～3年才有大的块根。

（三）区域特色

1. 种植历史

香芋在崇明、海门、通州等地种植的历史悠久，特别是这里沿海一带的气候、土壤，尤其适宜香芋繁殖生长，而且一直延续生长至今，成为当地的名菜，当地人将香芋视为珍品。

1504年上海县明代旧籍称，香芋形似马铃薯，果浓香，因马铃薯在上海叫洋山芋或洋芋，香芋因此得名。1521年正德崇明县志第九卷“物产”最早记载了香芋。雍正崇明县志记载：“香蕷。根旁引果实如串珠，肌理细腻，味极香美”。乾隆崇明县志重复了前面味极香美的评价。

清乾隆十五年（1750年）修的《如皋县志》记载：“香芋生沙土瓦砾地，蔓引不穷，子生地中，霜后掘取煨煮食之，入蔬尤佳，香味绝胜。”《清嘉庆海门厅志》和《民国海门县志》中都有海门种植香芋的记载。

当地流传有关香芋的俗语，如“香芋一烧绕屋香，豆腐干搭配味道长。酒水台上做冷盆，筷头伸来打相打。”可见，香芋作为名贵的土特产，一般只有在酒席台上才可见到。

2. 传统生产

南通地区香芋生产，主要集中在海门和通州、启东部分乡镇。

传统生产上，一般种在家前屋后的零星土地上，清明前播种，种子是头一年留下藏在地窖里的连筋的小香芋子（即的小块根）。当然大的作种子更好，长的苗更健壮有力。开行播种，行距0.7 ~ 1.0 m，下种前先把泥土翻松敲细，施上有机肥料，注意小芋子要安放均匀，不宜多个堆积在一起，以免苗芽过密，影响生长。然后盖上细泥，再用耙子把土拉平。半个月左右便可长出嫩绿芽苗，出土后的细嫩苗子长得很快，约30 cm高的时候，插上约1.5 m长的芦苇或竹片，搭好棚架，让香芋藤蔓缠在棚架上。到了初秋，叶子渐渐发黄，藤蔓慢慢枯干，这时就可把棚架与藤蔓一起拆除清理干净，用小钉耙一行行开挖地下的香芋。香芋块根大小依生长年限长短而不同。当年生块根，类似乒乓球大小，而生长4 ~ 5年的块根大的有500 g。

旧时，农家也常把香芋种在芦笆或篱笆旁边，多年后才采挖。其地下块茎可以连续多年生长。

3. 产业发展

海门、启东、通州等香芋产地的农民，具有种植香芋的丰富经验。2001年，海门香芋以地方特产编入《中国蔬菜品种志》。海门等地香芋栽培最多时，达到0.55万亩以上，总产量每年超过150万 kg，在上海等地蔬菜市场享有盛誉。

近年来，通过地膜覆盖栽培实现香芋早播早收，同时加强品牌建设，发展电商拓展市场，推进了香芋大田规模化种植和产业化开发，香芋在上海等大中城市闻名遐迩，多年来价格一直稳步上升，产品供不应求。

4. 名特产品

【海门香芋】

2014年5月，农业部正式批准对“海门香芋”实施农产品地理标志登记保护。地理标志地域保护范围包括海门街道、滨江街道、三厂街道、三星镇、临江镇、包场镇、常乐镇、悦来镇、余东镇、四甲镇、正余镇、海永乡。地理坐标：北纬31°46′ ~ 32°09′，东经121°04′ ~ 121°32′。

外在感观特征：块茎呈近球状或呈不规则卵形，表皮黄褐色，有轮纹，肉乳白，质地致密。一般商品块茎单个重20 ~ 100 g。去皮后的海门香芋块茎有豆的清香，久煮不糊，粉而不散，入口清香微甘，食后回味悠长。

内在品质特色：经测定每百克鲜海门香芋含蛋白质>5.0 g、淀粉>21.0 g，氨基酸总和>3.0%。

（四）特色膳食

香芋块茎去皮后能配制成多种菜肴食用，可以红烧、清煮、煲汤或与荤菜搭配。香芋被切成片状块状，嚼之别有风味，有豆的清香，久煮不糊，粉而不散，有点酥脆且有一股清香之气隐隐停留于口舌间。海门启东人办喜酒，香芋是可以作佳肴上桌的。南通广教寺、福田寺素宴里都有这芳馨可口的香芋。

一般将块根洗净去皮，切成块或片用以炖鸡、鸭、烧肉，最常见的有香芋烧竹鸡、香芋烧茶干、凉拌熟香芋等。

“香芋烧竹鸡”是一道启海地区名菜，其色泽金黄，香芋豆香四溢，鸡肉细腻柔滑，肉质饱满，肉香浓烈，口感咸甜适中。竹鸡是一种栖息在山丘竹林间的野禽，俗名鸡头鹘，外形有点像雉鸡，全身羽毛呈栗色，带有白斑，喜啄食竹笋蛀虫，其肉质尤佳，将竹鸡与香芋同烧，香芋入口酥松，竹鸡鲜美无比，可谓绝配。具体做法：将竹鸡宰杀洗净，斩成长方块，用酱油浸渍；香芋去皮洗净，切成块；炒锅上火，舀入花生油烧至八成热时，分别将鸡块、香芋块投入油锅划油；原锅置火上，放油，加葱姜略煸，放入鸡块、绍酒、酱油、白糖、精盐及适量清水，烧至鸡块六成熟时，投入香芋同烧15 min，再用水淀粉勾芡即可。

“海门香芋烧茶干”曾被列入海门十大本帮菜。制作方法：将香芋去皮、洗净、切片，茶干切成片；炒锅中添上适量的油，待油热后放入茶干，煸炒几分钟后盛出；重新给炒锅添油，待油热后放入香芋，煸炒直至香芋变色，加入适量清水开大火煮开，转小火再煮10 min；放入茶干，倒入调有蚝油、水淀粉、胡椒粉、盐和糖的料汁；中火煮至汁变浓稠后，加入少许鸡精，煸炒后均后即可。

香芋蒸熟去皮切片凉拌，食用方便，凉拌时需放些葱油，再放点盐、味精提味。海门有些饭店推出的“海门素三宝”，把香芋配山药、洋姜，经特制调料腌制，造型美观、风味独特；还有些面点师以香芋泥枣泥为主料，上覆琼脂糖浆，制成“香芋枣泥雀牌块”，成品透明美观、软嫩甜美、咬嚼有劲，被评为南通特色名点。

（五）种植管理

香芋种植要选择地势平坦、排灌通畅，土质疏松、通透性良好、耕作层深厚（厚度在13 cm以上）、有机质含量高的地块，尽量不要连作。香芋采用球状块根繁殖，虽然大小块茎均可作种子，但一般大的块茎作为商品销售，直径1.9 cm左右较小的块茎留作种子用。生产上大多露地种植，要进行搭架爬蔓。

1. 整地播种

选择种根：球状块根顶部完整、顶端有芽且无机械损伤。葡萄茎节间较短、球根多，呈土黄色、新鲜不干瘪。球状块根要带有侧根，左右各一根且分开，留侧根长2～3 cm以上。

整地施肥：入冬后深耕冻垡，深翻深度20～25 cm。播种前整地作畦。畦宽1.8～2.0 m，畦高10 cm，畦间隔35 cm。东西作畦，南北行播种，这样能够增加抵抗台风的能力。每亩施商品有机肥200 kg，整地时施于行间。基肥不能与种子直接接触，防止造成块茎表皮粗糙。也可以在冬前结合冬翻每亩施用充分腐熟有机肥1 500 kg或饼肥75 kg，播种时施用三元复合肥30～40 kg，复合肥需施在播种沟旁，以防影响全苗。

适期播种：耕作层温度稳定通过10～12 ℃时播种，一般4月上、中旬为适宜播期。开行点播，行距50 cm，穴距10 cm。每穴播一颗种子（带侧根的球状块根），侧根横向伸展，播种深度为6～8 cm。若播种过浅、块茎膨大后露出泥面，导致裂皮、形成“粗皮”。大小种子分畦播种，播后盖土平畦。播种后用稻草覆盖播种行，有利提早出苗，减轻草害。播种后15 d左右出苗。

2. 田间培管

肥水管理：田间要做到三沟配套，确保排水通畅。4月下旬—5月上旬，每亩施用腐熟人畜粪800 kg，沟施于行间，施后覆土。蔓上架复叶开始出现7张小叶，香芋进入花芽分化时期，葡萄茎大量发生，小球状块根开始迅速膨大，每亩追施三元复合肥50 kg或碳酸氢铵40 kg，深施行间。如果土壤过于干旱，可用施薄水粪结合抗旱进行追施。搭棚后及时清沟理墒，做到遇旱时能及时灌溉、遇涝时要及时排出积水。

植株管理：在茎蔓高16 ~ 20 cm时，用竹篱或芦苇及时搭棚引蔓。每穴旁（行间）插一根立杆，插深10 cm。架高1.5 ~ 1.8 m。每行7根，2行14根顶部捆成一把成丛状组合，以增强抗台风能力。茎蔓长至架顶后进行摘心，也可喷施多效唑进行调控。7—8月可在香芋行间用秸秆覆盖保墒。

病虫草害防控：香芋病害主要有灰霉病、疫病，虫害主要有红蜘蛛及蝼蛄、蛴螬等，注意及时防控。播前和立架搭棚前，结合松土对园地杂草进行全面铲除；生长中期即6月下旬至7月上旬，在行间覆盖麦秸，保墒灭草。

3. 产品收获和贮藏

（1）香芋收获。霜降后，待茎蔓全部自然枯萎后，才适宜挖取食用。当年的块根较小，为了提高产量，一般延迟到翌年春季采收。用来作种的小块根，不宜提早采挖，并要带侧根贮藏，侧根于2月前将茎剪好，左右各留长2 ~ 3 cm，贮藏待播。

（2）香芋贮藏。采挖后的香芋可采取堆藏和穴藏，贮藏环境要干燥、冷凉。穴藏时，选土壤不易封冻、排水良好的高地，挖穴贮藏。贮藏时，摆放一层香芋（连筋）后撒放一层疏松细泥土，最上面一层要放一些干燥的新鲜稻草，最后再用疏松细泥盖封。香芋数量少时，可在室内堆藏，堆藏地方应为泥地，方法与穴藏相似。

4. 模式技术推介

【香芋覆盖栽培】

采用地膜覆盖或是地膜加小拱棚双膜覆盖，能实现香芋早播，促进早生快长，既能增加产量又能提早上市，从而增加效益。

播前准备：播前结合整地，施足腐熟人畜肥、灰杂肥等有机肥料，深翻、平整，筑成高畦。

适时播种：采用地膜覆盖的可提前到2月中下旬播种，采用地膜加小拱棚双膜覆盖的还可再提前10 d左右播种。按常规方法播种，播种沟内撒毒饵诱杀地下害虫，盖土后喷除草剂防除杂草。播种后立即覆盖地膜，四周开好排水沟，确保能排能灌。

破膜放苗：出苗后及时破膜，破膜时间应选择在上午9时前、下午4时后，破膜后要用土把孔洞压严，以达到保温保湿。

田间管理：苗高15 cm时，按常规方法应及时搭棚引蔓，如果有小拱棚的要及时揭去。做好肥水管理，根据苗情长势，适时追肥。保持好土壤湿润。随着气温升高，及时在行间覆盖秸秆保墒。

三

芋　头

沙土孕育的“满堂香”

主要种植在启海地区沙地，如皋、海安等高沙土地区。通常在庭院边、近水源地头或是大田种植。以地下的球茎供食用。可烀、烧、炒、炖、焖、蒸、炸等，清煮、红烧或与荤菜配伍各具风味，蒸煮烹饪时香气四溢。“万年香沙芋艿”获国家农产品地理标志登记保护。“如皋香堂芋”“海安香芋”经核准注册为中国地理标志证明商标。

田边种植的芋头

芋头规模种植

芋头黑地膜覆盖种植（去边荷）

芋头扁豆饭

芋头红烧肉

烀芋头

（一）基本概况

1. 起源与分布

芋头系天南星科芋属多年生植物，常作一年生作物栽培。原产于中国、印度、马来半岛等地热带地区，古名蹲鸱，别名芋艿、毛芋。

芋头在我国种植范围广泛，南北长期以来都有栽培。

2. 种植历史

我国芋头种植历史极其悠久。战国时期《管子·轻重甲篇》中就记载有“春日倳耜，次日获麦，次日薄芋，次日树麻，次日绝菹”。可见，在两千多年前芋已成为当时的日常食物。《史记·货殖列传》所述：“岷山之下沃野，下有蹲鸱，至死不饥。”其中的“蹲鸱”便是芋头。

古人不乏对芋头种植的研究与记录。西汉农学著作《氾胜之书·种芋篇》中记载的芋头种植技术已相当成熟，明代时有《芋经》《芋记》等专著。

芋头在古代具有重要地位。在西晋、南北朝、宋等屡次朝代更迭中，芋头作为重要粮食作物，地位仅次于水稻和小麦。明朝弘治年间的《本草纲目拾遗》中记载：“芋头蒸食之，大能饱人，可代谷食。”这表明芋头在当时被视为一种重要的粮食替代品。杜甫在《赠别贺兰铦》中写道“我恋岷下芋，君思千里莼。”苏轼盛赞芋头“香似龙涎仍酽白，味如牛乳更全清”。清朝的《澄海县志》将芋头列为“供御”的物产之一。乾隆皇帝认为芋头“滑而不腻，香而微甘”，对其情有独钟。

3. 利用价值

芋头营养丰富，既可作蔬菜，又可作粮食。芋头富含淀粉，其淀粉颗粒为马铃薯淀粉的1/10，消化率高达98%以上。芋头可以制作淀粉，还可用于制醋、酿酒、分离蛋白质、提取生物碱等。

芋头具有药用价值，其性平味甘，具有调中补气、消痈散结的功效。芋头含有丰富的黏液皂素及多种微量元素，其黏液蛋白被人体吸收后，能产生免疫球蛋白等，可提高机体的抵抗力。芋头除含有多种维生素和微量元素外，还含有丰富的氟类物质，具有护齿作用。芋头是碱性食品，能中和体内积存的酸性物质，调节人体的酸碱平衡，用于防治胃酸过多。

芋头全株有毒，包括常食用的地下块状茎，花是最毒的部分。毒性物质主要是草酸，可通过长时间浸泡或加热去除。芋头中的草酸会使与其接触的部位发痒发红，若食用没有熟透芋头，因草酸的毒性会使有舌头发麻的感觉。

（二）特征特性

1. 形态特征

芋头为白色肉质纤维根，根毛较少。浅根系，大部分分布在25 cm以内土层中。

植株茎缩短成地下球茎，球茎形态有球、卵圆、卵、椭圆、棒状、圆柱等。球茎节上有棕色鳞片毛。茎上具有叶痕环，节上均有腋芽，能发育成新的球茎。芋芽颜色有白色和淡红色两种基本类型。球茎长出新株后，节上的腋芽可萌发长成小芋，称作子芋，播种时的种球茎则称为母芋。如果条件合适，子芋上的芽还能形成孙芋、曾孙芋等。

叶互生，叶片盾形、卵形或箭头形，先端渐尖。叶表面有密集的乳突，可蓄空气，形成气垫，并可使水形成水滴，不会沾湿叶面。叶柄长40 ~ 180 cm，直立或披展，下部膨大成鞘，包在短缩茎的周围，中部有槽。

除华南一带的部分品种开花外，通常不开花。花包于佛焰苞中，形成肉穗花序，自上而下依次为附属器、雄花序、中质花序和雌花序。大多花白色，少数粉红色，异性花。萼片一般4枚，花瓣多长椭圆形，异花授粉，很少结籽。

果实为浆果。种子一般不用于生产繁殖，

2. 生长习性

芋头喜高温湿润，气温13 ~ 15 ℃时球茎开始发芽，生育中期要求20 ℃以上的温度，球茎发育则以27 ~ 30 ℃为宜，生长中期不可缺水。干旱和低温使其生长不良，叶片不能充分生长，严重减产。芋头较耐阴，强烈日照加以干旱高温常常导致叶片迅速枯焦，如果土壤水分充足可减轻其危害。短日照能促进球茎形成。芋头要求生长在土层深厚、富含有机质的肥沃土壤上。pH值为5.5 ~ 7.0即可。芋头喜肥，但芋头的根为肉质根，根毛少，吸收能力差，所以，芋头施肥应多次少施，以利于吸收。

3. 品种类型

芋头按照水分生态型划分，有水芋型、旱芋型和水旱型3种类型。我国大量栽种的芋头均属于球茎用芋变种，少量属于叶柄用芋变种。球茎用芋又可分大魁芋类型、多子芋类型和多头芋类型等。

大魁芋类型：子芋少，母芋单一或少数，肥大而味美，植株高大，分蘖力强，母芋甚发达，味美，粉质，产量高。

多子芋类型：母芋多纤维，味不美，子芋多而群生，分蘖力强，子芋易与母芋分离，为尾端细瘦的纺锤状，栽培目的是采收子芋。

多头芋类型：一株生多数叶丛，植株矮，其下生多数母芋，结合成一块，味如栗子，粉质。

（三）区域特色

1. 农耕历史

南通地区种植芋头的历史悠久，所种植的芋头品种，均从南方引进。

芋头在海门、启东等地，有着200多年的种植历史，人们把芋头习惯称为“香沙芋”或是“香沙芋艿”。与其他地区的同类产品不同，这里所产的芋头，具有干香、粉、酥、微甜的风味。短时间焖烧，酥熟喷香，口感奇特；而较长时间烧煮，汤汁澄清，不糊不黏。其中，以产于海门原万年镇的芋头最为有名。这里土壤肥沃，具有1 200多年历史的黏性犟黄泥土质，土壤中富含镁、硒、钙等矿物质元素，再加上气候高温高湿，特别适合芋头的生长，素有“千年人参、万年芋艿”的美誉。民间传说，清末状元张謇每年都要精选海门当地的优质农副产品进贡朝廷。有一次张謇将万年的香沙芋艿进献给慈禧太后，太后品尝后大为赞叹，连忙询问张謇这是什么好东西，张謇告诉慈禧太后：“这是来自家乡的万年芋艿。”太后听后脱口而出：“这万年芋艿可与千年人参相媲美。”“千年人参，万年芋艿”由此流传开来。

如皋等地在清乾隆十五年（1750年）修的《如皋县志》中已有“芋”的记载，因芋头在蒸煮烹饪过程中香气四溢、满堂芬芳，故被称作“香堂芋”。种植区域的沙壤微碱性土质造就了芋头特有的营养成分，特别是如皋西部高沙土地区独特土质所产的芋头，其所含的钙、铁、硒等微量元素非常适合人体吸收。

海安的芋头种植，主要集中在高沙土地区的雅周镇，这里把芋头习惯称为“雅周香荷芋”或是“香芋”。沙壤土质和气候环境孕育出了硬糯兼备、口味独特的芋头品质。雅周有民谚：“七月半挖个芋头看一看，八月半吃掉一大半。”足见雅周人对芋头的宠爱。中秋节时，海安当地还有用月饼和芋头祭谢土地神的习俗，当天除了吃月饼，还要吃芋头，一是尝个鲜，二是讨个好彩头。

2. 传统生产

南通地区全境都有芋头种植，但以江海冲击成陆形成的沙壤土所种植的品质为最佳，产于沙壤土上的芋头，质地细腻，营养丰富，干香可口。

长期的芋头种植过程中，农民根据当地资源禀赋、消费者食味习惯和喜好，通过不断地筛选、选种留种并世代沿用，形成了具有区域特色品种。如启海地区香沙芋、如皋香堂芋、雅周香荷芋等。

传统生产上，大多是农户零星自发种植，通常种植在庭院边或是近水源的田头。芋头生育期长，清明节前后下种，一直到中秋以后才能收获。为了确保芋头优良品质，农家一直沿用传统栽培方式，每年筛选留种的芋头。施用农家肥料和腐熟了的豆粕，并细心做好根部培土。农家种植的芋头多数是自给自足，少量剩余产品进入市场销售。

3. 产业发展

随着营养保健餐食需求不断增加，南通的特色芋头以其营养价值高、食味品质好、保健功能强等特点深受广大消费者喜爱，芋头产业得到了快速发展。海门、启东、如皋和海安等芋头重点产地，不断集成应用覆盖栽培、机械化种植等新技术，加强规模化标准化基地建设，推进品牌建设和产销对接，南通地区芋头的产业规模持续扩大。

海门区：2016年3月，正式立项实施万年芋艿省级标准化示范区建设项目；2017年，万年香沙芋艿荣获第一届“江苏好芋头”金奖；2019年，万年香沙芋艿入选江苏省农产品品牌目录。

如皋市：2015年起，在上海成功举办三届如皋特色农产品进沪展示展销会，并在各电商平台推介销售香堂芋；2017年，“一品皋”商标成功注册。如皋香堂芋，先后获评全国名特优新农产品、第十六届中国绿色食品博览会金奖、第一届“江苏好芋头”银奖。

海安市：2015年起，多种渠道宣传推介雅周香荷芋，与上海、苏州、无锡等地开展合作，在多家网店组织销售；2023年8月，成立海安雅香荷芋产业研究院。

4. 名特产品

【万年香沙芋艿】

2016年8月，农业部正式批准对“万年香沙芋艿”实施农产品地理标志登记保护。地理标志地域保护范围包括海门的原万年、悦来镇大部分地区、余东镇南部地区和包场镇南部地区。地理坐标：北纬31°53′43″~32°24′51″，东经121°19′28″~121°31′16″。

外在感观特征：万年香沙芋艿母芋近圆球形，节间短，密被鳞片。子芋、孙芋圆柱形至长卵圆形，8~10节，略弯曲，表皮浅褐色，鳞片深褐色，顶芽饱满，浅紫红色，肉乳白色，具甘薯香味。蒸煮后表皮浅灰色、开裂，鳞片浅褐色，清香，肉灰白色，质地紧密，入口爽滑，酥而不黏，干香回甜。

内在品质特色：鲜万年香沙芋艿含淀粉>24%、蛋白质>3%。

【如皋香堂芋】

2016年2月，如皋香堂芋经核准注册为中国地理标志证明商标。“如皋香堂芋”地理标志证明商标的生产地域范围：如皋市辖区内的原如城、桃园、磨头、下原、郭园、吴窑、常青、高明、搬经、袁庄、柴湾、东陈、雪岸、丁埝（部分）、林梓（部分）、白蒲（部分）、九华（部分）、石庄（部分）、江安（部分）等镇。

如皋香堂芋属于旱芋多子芋类型，分为母芋和子芋，单株结子芋10个左右。一般以母芋中的优质芋头留种，子芋用来食用。母芋近球形，纵径8~9 cm，横径6~7 cm。子芋椭圆至卵圆形，表皮鳞毛深褐色，有紫红色斑纹，顶部圆，基部稍尖，芽尖浅红色，肉质乳白色，实而不硬，糯性强，香味浓。

【海安香芋】

2015年6月，海安香芋经核准注册为中国地理标志证明商标。“海安香芋”地理标志证明商标的生产地域是海安西南高沙土地区，主要集中在雅周镇。

海安香芋是集蔬菜、粮食、药膳于一体的绿色保健食品。其味甘芳香，肉白质糯，粉质爽口，营养丰富，素有“开锅十里香”的美誉。海安香芋富含对人体有益的硒元素，可加工成香芋粉等数十种食品，也可将其速冻包装后销售。

（四）特色膳食

芋头食用方法包括烀、烧、炒、炖、焖、蒸、炸等，清煮、红烧或与荤菜配伍各具风味，吃法多种多样。

“烀”是南通地区最家常最便捷的烹饪方法。通常将把挖回的芋头，把头子和芽子掰开后装入麻袋，摔打后倒进竹篮里，拎到河边或用自来水舂洗干净，直接放锅里用清水烀，当地人称“毛芋头”。烀芋头的水不要放太多，同时倒上一碗豆酱，撒上葱、姜末、小米辣，放在芋头上，盖上锅盖加热烧煮。热腾腾的蒸气，把“毛芋头”的清香和豆酱的酱香相互纠缠融合。芋头烀熟后趁热食用，撕去外皮，指头一捏，白白胖胖的芋头肉扯着长长的丝，蘸上豆酱，满嘴都是芋头糯糯的香味和板栗般的口感。

传统的家常食谱中，有芋头烧肉、芋头肉圆、芋头扣肉、芋头烧扁豆、红烧芋头、芋头排骨汤、鸡汁清炖芋头、芋头豆腐汤、芋头扁豆饭等。

“芋”是“余”“遇”的谐音，当地有“吃芋头，遇好人”的说法。如皋、海安等地，每逢大年三十，都要做一碗芋头红烧肉，表示吉祥如意，寓意在新的一年“缘有所起、财有相遇”。制作方法：五花肉皮面用明火烧至微黄，泡水后用刀反复刮皮洗净，改刀切成方块备用，锅小火放入豆油，倒入碎冰糖炒出黄色，加水烧开倒出备用；锅上火倒入切好的五花肉煸炒，炒至出油后，放入糖色、黄酒、老抽酱油、生抽酱油、姜片、葱结、盐、干辣椒和清水，加锅盖旺火烧开，转中火炖制；另取锅上火，倒入大豆油，约七成熟，倒入芋头中火煸炒，倒入肉锅中，中火焖煮。放入味精，大火收至汤汁浓稠，起锅装碗，撒上青蒜末即可。

启东、海门等地，最经典的就是芋头红烧羊肉。海门红烧羊肉，肉烂软香，汁鲜味浓，不膻且原汁原味，色香味俱全。芋头红烧羊肉，粉糯的芋头，搭配肥嫩多汁水的山羊肉，色泽酱红，鲜香可口，吃起来肉感十足。

如皋、海安等地，常有食用芋头圆子的习惯，预示着圆圆的芋头团圆的家。通常是用芋头子刨成丝，掺进剁碎的肉丁、肉末，或是把芋头跟肉一起绞碎，加入葱、姜、料酒、盐、鸡精调味拌和后，做成鸡蛋大小的丸子，下油锅炸成金黄即可。

芋头跟扁豆是最好的搭档，芋头口感软糯细腻，扁豆清香扑面，柔韧耐嚼。在乡村农家，将大铁锅倒入菜籽油烧热，芋头滚刀切成块，倒入油锅翻炒几分钟，然后再把扁豆倒进去，加蒜泥一起翻炒，加上盐调味，倒入适量生抽上色，大火烧开后慢慢焖熟，芋头烧扁豆就可以出锅了。如果倒入淘洗干净的新米，就是芋头扁豆饭了。

芋头豆腐汤也是最常见的吃法，做法也很简单，其汤汁乳白浓稠，芋头软糯滑爽。制作方法：芋头去皮切片，热锅中倒入菜油，葱、姜煸出香味，把芋头片倒入锅里快速翻炒，加水大火烧开，小火焖至芋头九成烂，豆腐改刀成小块，倒入锅中，水淀粉勾芡，淋点麻油，出锅后撒上蒜花儿即可。

（五）种植管理

芋头是子芋繁殖，要选用发育完全、充实饱满、无病斑、无破损的子芋用作种芋。生产上，采用起垄栽培、黑色地膜覆盖等技术应用，有利于土壤增温、保湿，促进芋头生长发育，增产增收效果显著。

1. 整地播种

播前准备：冬前深耕晒垡。播种10 d前，每亩施用腐熟有机肥1 000 kg、过磷酸钙15 kg、硫酸镁2 kg作基肥，注意补施硼肥和锌肥，耕翻整地，机械起垄，连垄带沟宽130 ~ 140 cm，垄面净宽80 cm，沟宽50 ~ 60 cm，畦高25 cm以上。种芋播种前进行晒种和药剂浸种。

适期播种：气温稳定在10 ℃以上时即可播种。露地栽培通常在3月下旬—4月上旬，此时的地温保持在13 ~ 15 ℃，比较适合播种。地膜覆盖的于3月下旬播种，播种深度10 cm以上，芋芽平放，播完覆土后随即覆盖地膜。覆盖黑地膜能有效控制杂草，而且有利于土壤保温保湿，宜选用耐候期80 ~ 90 d的全生物降解地膜产品，以满足芋头前中期控草、保温、保湿的需要。播种前已覆膜的，需打孔播种。盖膜前用芽前除草剂封闭化除。

合理密植：通常行距55 ~ 60 cm，株距30 cm左右，种植3 000 ~ 4 000株/亩。

2. 田间培管

肥水管理：通常在5月下旬前后，于植株5～6叶期每亩施用2 000～3 000 kg腐熟有机肥。6月下旬前后，于植株7～8叶期每亩施用40%硫酸钾型复合肥（N：P：K=15：5：20）40 kg作膨大肥，肥料集中施于根基周围，施肥后立即培土。芋头喜湿怕涝，整个生育期都应保持土壤湿润，若遇久旱土壤发白应灌跑马水，以利植株均衡生长。保持田间沟系配套、畅通，特别是膨大期要梳理田间沟系，雨天及时排水，做到雨止田干。

病虫害防控：主要病害有芋疫病、芋茎干腐病等，主要虫害有蚜虫、斜纹夜蛾、蛴螬等，应及时加以防控。

壅土培土：覆盖地膜的，在子芋膨大期，结合施用膨大肥做好揭膜壅土，壅土厚度15 cm以上，有条件的可采用机械培土。露地栽培的，在生长前期一般中耕除草1～2次，植株周围浅锄，行间深锄。培土一般进行3次，第1次在5月中旬，培土高度6～7 cm；第2次在6月中下旬，培土高度约10 cm；第3次在大暑时候，培土高度15～20 cm。第1、第2次培土高度不超过最低叶互生的交叉处，第3次培土不能损伤心叶，每次培土结合施肥进行。

铲除边荷：球茎膨大始期第一次铲边荷，间隔一个月左右再铲一次边荷，若田间边荷较多时，应及时铲边荷；后期芋头早衰时，应及时进行叶面喷肥、中耕耘田等管理。

3. 产品收获

芋头待芋叶变黄衰败、根系枯萎时，表明球茎成熟，即可采收上市。但为抢早上市，可在上部芋叶出现衰老斑点、下部芋叶枯黄时开始采收。单株产量高的先采收，弱株延迟采收，收获时土壤保持干燥，收获后芋头充分晾干。留种芋田，应于芋叶变黄枯萎、根系充分成熟后进行采收。

4. 模式技术推介

【芋头大棚覆盖长季栽培】

利用大棚的保温增温和避雨性能，能实现芋头冬春提早种植、夏秋遮雨防病、秋冬延后生长的长季节栽培，不仅使芋头品貌俱佳、产量倍增，而且能做到田间保藏、延迟采收，可延长3个多月采收供应期，有效保持芋头新鲜外观和口感风味，从而更好满足市场对高品质农产品需求。

芋种处理与催芽：播种前20 d将挑选好的芋种上的泥土和干枯叶鞘清除，晒种、药剂浸种、捞出控水晾干，与湿沙分层堆放双层大棚中间，堆层高30 cm，堆好后加盖三棚，夜间加盖草帘保温。催芽期间堆层温度宜保持在22～25 ℃，并保持堆中沙土湿润。15 d左右露芽1～2 cm即可播种。

提早栽植：双层大棚在2月上中旬、棚内土温达12 ℃左右时栽植；单层棚在3月上旬栽植。宜大小行种植，每条畦面栽植两行，畦面小行距30 cm、穴距30 cm，大棚栽3 000穴/亩。畦面两行上错开挖穴埋入催芽过的种芋，顶芽向上，覆土深度以盖没顶芽2～3 cm为宜。播种后及时化学除草，覆盖地膜，闭棚升温。

大棚管理：芋苗出土前，密闭大棚升温保温；苗齐后及时揭除地膜，棚内温度白天25～33 ℃、夜间15～18 ℃；寒潮低温可晚揭早盖棚膜或全天闭棚保温；进入3月，晴好天气要及时通风，防止中午35 ℃以上的高温；发棵后棚温白天25～28 ℃、夜间15 ℃以上。4月中旬可揭除内层棚，5月下旬后拆除棚边围膜，只保留顶膜，转为避雨栽培模式；6月中旬后尽量加大通风口，通风降温，雨天要及时放下棚顶膜避雨，雨后揭开通风；10月中旬后加装大棚围裙，夜间闭棚保温，白天温度28～32 ℃、夜间保持在18 ℃左右；11月中旬后加盖内层大棚，仅晴天中午通风2～3 h，其他时间闭棚保温；12月下旬后大棚全天闭棚保暖。此外，根据芋头生长习性，做好肥水管理、培土压边荷、病虫草害防控等措施。这样，通过保温能保持芋头叶片生长至12月时，延缓了叶片和根系衰败，可以陆续采挖上市，直至翌年的3月，做到错峰上市、随挖随销，从而大幅度增加产量、提高经济效益。

四

山　药

沙地生长的“滋补品”

主要种植在启东市、海门区以及通州区东部、如东县沿海等地。因种植地是沙地，因而称“沙地山药”。通常庭院种植或是大田种植，大多采用搭架引蔓。山药有“山中之药”之称，主要以地下肥大根状块茎供食用，其肉质雪白不变色，易酥不烂。可红烧、炒食、煲汤、蒸煮或糖馏等。“启东沙地山药”获国家农产品地理标志登记保护。

山药植株

山药庭院种植

供食用的山药块茎

山药炒木耳

山药排骨汤

山药红烧肉

（一）基本概况

1. 起源与分布

山药系薯蓣科薯蓣属多年生蔓性植物，原产于亚洲、西非和南美等热带或亚热带地区，我国南方是山药的重要原产地和驯化中心。山药又名薯蓣，原名薯豫，别名、俗名有350多个。

山药在中国主要分布于河南、安徽、江苏、浙江、江西、福建、台湾、湖北、湖南、广东、贵州、云南北部、四川、甘肃东部和陕西南部等地。

2. 种植历史

据《本草纲目》记载：因避唐代宗名“豫”讳，改薯蓣为薯药。宋朝，宋英宗名“曙”，故又改薯药为山药，才有了现在的山药之名。受李时珍的影响，这种说法流传很广。其实山药的名称由来已久，孙思邈在《备急千金药方》中指出：“薯蓣生于山者，名为山药，秦楚之间名玉延。”可见，薯蓣和山药两个名称在历史上是长期并存的。

俗话说：“山药山药，山中之药。”中医认为，山药性甘平、无毒，它具有补脾益肾、养肺、止泻、敛汗之功效，是很好的进补“食物药”。

山药在古籍和历代医药经典中常有记载。«山海经»上曾记录：“景山，北望少泽，其草多薯蓣。”中国现存最早的中药学著作«神农本草经»中说：“薯蓣味甘温，主伤中，补虚羸，除寒热邪气，长肌肉，久服耳目聪明，轻身不饥，延年。”东汉名医张仲景非常擅于使用山药补虚，在《金匮要略·血痹虚劳病脉证治篇》中说：“虚劳诸不足，风气百疾，薯蓣丸主之。”在他创制的“金匮肾气丸”中，把山药作为健脾的重要组成成分。《神农本草经》中将其列为补虚上品，有“小人参”的美誉。

3. 利用价值

山药同时兼有食用价值和药用价值，质糯口感好，风味独特，无论清炒、清蒸，还是煲粥、炖肉，或者做成甜品，都深受喜爱。山药含有丰富的多种人体必需的氨基酸和微量元素，尤其是含有薯蓣皂苷元、黏液质多糖、尿囊素等多种功能成分，具有滋补和食疗之功效，具有降血脂、降血糖、抗肿瘤、抗氧化、抗发炎及改善肠道生理等功能。

山药作为一味药材，2020版《中国药典》规定，山药为薯蓣科植物薯蓣的干燥根茎。冬季茎叶枯萎后采挖，切去根头，洗净，除去外皮和须根，干燥，习称“毛山药”；或除去外皮，趁鲜切厚片，干燥，称为“山药片”；也有选择肥大顺直的干燥山药，置清水中，浸至无干心，闷透，切齐两端，用木板搓成圆柱状，晒干，打光，习称“光山药”。

（二）特征特性

1. 形态特征

山药是须根系作物，水平伸展达1 m左右，主要分布在20 ~ 30 cm的土层中，根系生长旺盛。

山药茎有根状块茎、地上茎蔓和气生块茎三种。根状块茎有棍棒状、掌状和块状等，表皮为赤褐、黑褐和紫红等色，肉质肥大，白色或略带淡紫色。每株1条主茎（有时2 ~ 3条，但只能留1条），茎蔓靠攀缘生长，蔓长3 ~ 4 m、粗0.2 ~ 0.8 cm，需搭架才能向上生长（短蔓品种除外）。茎通常带紫红色，右旋，无毛。茎蔓生长到第20节以后，通常在上端向下第3节的叶腋处开始产生气生块茎（也称零余子、山药豆），呈椭圆形，褐色或深褐色，成熟后自然脱落，可供食用，或用于繁殖。

单叶，茎下部多互生，中部以上的多对生，很少3叶轮生。叶片一般戟形、心脏形或三角状形，有较长的叶柄。叶边缘常3浅裂至3深裂，中裂片卵状椭圆形至披针形，侧裂片耳状，圆形、近方形至长圆形；幼苗时一般叶片为宽卵形或卵圆形，基部深心形。

叶腋内常有珠芽。雌雄异株，偶有两性花。雄花序簇生成穗状，花形小而下垂，花瓣白色、棕色或淡黄色，具香味。雌花花序长8 ~ 12 cm，花器与雄花相似，但不下垂，子房柱头分裂，但多数子房退化。

蒴果，每果含种子4 ~ 8粒。三棱状扁圆形或三棱状圆形，长1.2 ~ 2.0 cm，宽1.5 ~ 3.0 cm，外面有白粉；种子着生于每室中轴中部，四周有膜质翅。花期6—9月，果期7—11月。

2. 生长习性

山药喜高温、干燥，不耐寒。根状块茎萌芽要求10 ℃以上，幼苗生长最适温度15 ~ 20 ℃。地上部茎叶的生长适温25 ~ 28 ℃，开花适宜温度

20～30 ℃，40 ℃和10 ℃时茎叶停止伸长，45 ℃时出现日灼并导致叶脉和幼嫩组织坏死。块茎形成和膨大的适宜温度20～24 ℃，昼夜温差大对块茎形成和膨大有利。根状块茎耐寒，0 ℃不致受冻，-15 ℃左右也能越冬。

山药是短日照植物，比较耐阴，但块茎积累养分需要强光。一定范围内，日照时数缩短，花期提早。短日照对地下块的形成和膨大有利，并能促进零余子形成。

山药比较耐旱，但不耐涝，不宜种在地下水位太浅或过分潮湿的土壤中。沙质土和壤土含水量以18%左右为宜。

适宜生长在疏松、肥沃、土层深厚的土壤中，黏土易使块茎须多、根痕大、形状不正，产生扁头和分杈。

3. 品种类型

按食用口感，可分成糯性山药和脆性山药等品种类型。①糯性山药。这类山药淀粉含量较高，水分含量相对较少，口感粉糯，通常比较细长，表面须根较多。②脆性山药。这类山药淀粉含量相对较少，水分含量相对较多，口感脆爽，外形通常比较粗壮，表面须根较少。

按块茎外形，可分成长山药、扁山药、圆山药等品种类型。①长山药。块根长30～100 cm，直径9～10 cm，块根入土较深，适合土层深厚的沙壤土栽培。②扁山药。形似脚掌，适合在浅土层及多湿黏重土壤栽培。③圆山药。块根呈短圆棒形或不规则团块状，长约15 cm，横断面直径10 cm，南方栽培较多。

（三）区域特色

1. 农耕历史

启东、海门一带随着大大小小的沙洲连接、冲击成陆和大批移民迁入，逐渐形成了一种独特的沙地饮食和沙地文化。这里随着移民带来了山药种植，又因山药产自沙地，故有“沙地山药”之称。

沙地山药主要集中在启东、海门以及通州东部、如东沿海等地区，已有近百年的种植历史。该地区系不同时期的河相、海相沉积平原，壤性或沙性潮盐土，土层深厚，土壤肥沃，微量元素十分丰富。其季风环流影响显著，四季分明，气候宜人，光照充足，雨水充沛，无霜期长，在此独特的土壤和气候条件下，种植的山药品质好，口感佳，因而山药成为这里历史上主要的特色蔬菜之一，深受种植农民的喜爱。

启东、海门等地习惯把沙地山药与香沙芋（沙地人对芋头的俗称）、香芋一起，通称为“地产三宝”。

2. 传统生产

传统生产上，沙地山药多以散户零星种植，长期以自给自足、本地消费模式为主，大多清明节前后播种。出苗后需要搭架引蔓，7—8月高温季节用秸秆覆盖保墒。中秋节以后陆续上市，收获期一直可以持续到翌年的4—5月。

在长期种植过程中，农民年年自行选种，选取具有典型特征特性种块进行留种。因此，沙地山药既保持了优良的特征特性和原始的风味口感，又提高了适应性、抗逆性和丰产性。

家住如东县大豫镇的老农许兆康，祖籍海门人，长期钻研山药品种改良和种植技术，成功选育出短蔓、双胞型山药品种。该品种主要特点：主蔓长到40 cm左右时，嫩梢自然萎缩，逐渐团伏地面；主蔓萎缩后，很快分生侧枝并旺盛生长，共有侧枝7～8条，蔓长50～60 cm。该品种约80%的植株能产生两根山药块茎，仅10%的植株结一根块茎，偶有结3根、4根的。块茎长50～60 cm。块茎肉质细腻黏滑，刨皮后自然存放，其雪白肉质数天不变色，蒸煮易酥而又不烂。由于短蔓，无须搭架，因而短蔓山药无架栽培曾经作为一项示范推广技术。

3. 产业发展

近年来，沙地山药生产呈现出连片规模化、高效集约化等特征，在满足本地市场需求的同时，产品还销往江浙沪等外地大中城市，独特的风味和品质受到越来越多消费者的青睐。2017年启东市王鲍镇庙桥村入选全国“一村一品”示范村，通过实行“合作社+基地+农户”的运行机制，以忠辉果蔬专业合作社为龙头，种植“地产三宝”，带领村民们走上致富路。王鲍地产三宝牌山药获得“江苏省农民合作社产品展销会畅销产品奖”，多吃点牌山药获得江苏省“首届江苏消费者最喜爱的绿色食品”称号。

4. 名特产品

【启东沙地山药】

2018年7月，中华人民共和国农业农村部正式批准对“启东沙地山药”实施国家农产品地理标志登记保护。地理标志地域保护范围包括启东市辖区内的汇龙、北新、王鲍、合作、吕四、海复、南阳、惠萍、寅阳、东海、近海、启隆等12个镇（乡）全部陆地区域。地理坐标：北纬31°41′06″~32°16′19″，东经121°25′40″~121°54′30″。

外在感官特征：块茎圆柱形，长度50 cm左右，直径4 cm左右。表皮光滑，皮黄褐色，表皮下紫红色，须根细长稀疏，基部不突出。刨皮后肉乳白色，不易褐变，表面有透明浓稠的黏液，有清香味。煮熟后表皮浅褐色，皮薄易剥，肉粉质白色，入口无渣，微甜，有栗香味。清炒后肉质香脆酥润。

内在品质指标：启东沙地山药含有蛋白质、淀粉、碳水化合物、脂肪、粗纤维、钾、钙、膳食纤维等多种营养成分。其中蛋白质2.7~2.9 g/100 g，淀粉13~15 g/100 g，总糖1.2~1.6 g/100 g，粗纤维0.3~0.5 g/100 g，钙39~45 mg/100 g，铁1.2~1.6 mg/100 g。

（四）特色膳食

山药以其地下肥大根状块茎供食用，叶腋着生的零余子（山药豆）也可食用。

启海地区的沙地山药刨皮后自然存放，其肉质雪白不变色，易酥不烂，可以红烧、炒食、煲汤、蒸煮、糖馏等，风味独特，多食不腻。

“山药炒木耳”是著名农家菜，柔滑脆嫩，黑白分明，色香味俱全。制作方法：将山药洗净，轻轻削去外皮，然后用清水略微冲洗一下，切成片，再将山药片浸泡在清水里；木耳用温水泡发、洗净，撕成小块备用；锅里加入适量的清水，烧开后放入山药，保持大火焯水约40 s，捞出用冷水冲凉后沥干，然后再把木耳放入锅中，大火焯水约1 min，捞出沥干；炒锅里加入适量食用油烧热，倒入葱段、姜丝、蒜末，小火炒香，倒入山药、快速翻炒约2 min，加入木耳和青红椒片，继续翻炒至断生，然后加入适量食盐、少许香醋和少许香油调味，翻炒均匀即可。

“山药排骨汤”则是一道深受大家喜爱的家常菜，其汤鲜味美，清淡爽口，排骨酥烂，山药酥糯。制作方法：将猪排骨洗净切成块状，焯去血水，捞起洗净备用；山药去皮后切成块状，焯水捞起备用；汤锅中加入足够的温水，放入焯水后的排骨、姜片、料酒，大火烧开后转中火炖煮30 min；加入山药块，继续炖煮20～30 min，加入适量的盐调味即可。

用山药煲粥，既营养丰富，又细腻滑爽，风味独特，已成为宾馆、饭店的传统特色小吃。蒸山药是早餐佳品，可用白糖或生抽蘸着吃，既营养又方便。另外，山药红烧肉、糖熘山药、椒盐山药，山药片炒青鱼块、煮山药豆等已是一些宾馆、饭店的招牌菜肴，深受大众青睐。

（五）种植管理

沙地山药种植要选择地势较高、排水良好、土壤肥沃的壤土或灰潮土且上下土质一致深厚的地块，连作重茬不超过两年。生产上，多采用苗头、块茎作种的无性繁殖，也可以用山药蛋来进行有性繁殖。

1. 整地播种

深耕作垄：种植前必须深翻土壤，每亩施优质腐熟有机肥5 000 kg，将有机肥均匀撒施于地面，用旋耕机深翻入土，做到肥土拌匀。然后用山药专用深耕机械深耕，调节成55 cm × 70 cm规格的宽窄行组合，深度达90 cm，宽度25 cm，不打乱原有土层，保持土壤疏松均匀。

适期播种：宜在终霜后种植，播期为3月上旬至4月上旬。采取地膜覆盖栽培的，可提前到2月上中旬播种。

种苗准备：选择茎短、圆直、粗壮、皮光滑的山药做种苗，苗头一般长15～25 cm，重量在50 g以上；其余切成段块，一般每个段块重80 g左右。将其切断面在石灰粉中蘸一下，然后放在太阳下晒2～3 d，以杀菌和促进发芽。

下种定植：在机耕好的垄上开定植沟，沟深6 cm左右，撒好杀虫剂诱杀地下害虫。种苗在播前用药剂浸种，按株距20 cm左右下山药种苗，每亩播种密度5 300株左右。下种后盖土成垄。及时喷施除草剂防控杂草。

基肥施用：在小行中间开沟条施基肥，每亩施用缓释三元复合肥75 kg。

2. 田间培管

肥水管理：定植后及时开挖疏浚排水系统，达到三沟配套，排水通畅。

山药蔓高30 cm时，每亩施用腐熟有机肥1 000 kg，促进植株长蔓。6月初块茎膨大期，每亩施尿素20 kg。7月中旬以后，每亩用100 g液体复合肥兑水40 kg叶面喷施，每隔7 d喷1次，喷2～3次。山药块茎膨大期，遇高温干旱，应适当灌“跑马水”，保持土壤湿润。

搭架整枝：出苗后及早疏除弱苗、丛苗和多余的茎蔓，每株保留1～2个健壮的主茎，并去除主蔓基部侧枝。苗高20～30 cm时及时搭架，一般支架高度1.2～1.6 m为宜，用小竹竿插成人字架或直立架，使茎蔓缠绕向上生长。当植株生长旺盛、侧枝发生较多时，要摘去基部侧蔓，以增加通风透光。6月中下旬山药开始开花现蕾，应将花蕾全部摘掉。7月间，叶腋中长出的零余子和花蕾，除留种外，要全部去除。8月后可摘去主茎和侧枝的顶部，控制旺长。

秸秆覆盖：7—8月高温季节，在山药行间用麦子、玉米等作物秸秆覆盖，有利于降温保墒。

病虫害防治：山药病害主要有炭疽病、褐斑病、叶斑病、线虫病等，山药主要害虫有地老虎、蛴螬等，注意及时防控。

3. 产品收获和贮藏

（1）山药收获。通常在霜降以后、茎叶枯黄时进行，过早采收产量低。商品山药可根据市场需求，从8月中下旬开始陆续采收，直至翌年4月，随采随售。对于留种（栽子）田块，应提前在临近霜降时采收，以保证山药的种块组织充实且不受冻。采收时，先把支架和茎蔓一齐拔起，抖落茎蔓上的零余子，将零余子收集后再采收山药块茎。山药块茎可用人工或机械采收。人工采收时要细心挖取，轻拿轻放，抹去体表泥沙后进行分级。机械采收主要用高压水泵冲刷采收，山药商品率高，省工节本。

（2）山药贮藏。山药采收后进保鲜库保鲜，可全年上市出售。也可刨皮后真空包装加工进超市出售。农家贮藏时常采用堆藏方法，首先铺一层沙土或作物秸秆，将山药平放其上，每排放一层山药，放一层沙土或秸秆，直至1.0～1.5 m高，最上部盖草保湿不低于2 ℃，当温度超过5 ℃时，应适当通风，沙土厚度为5～6 cm，最上部盖10 cm以上湿沙层保湿，经常检查，防止温度过高。

4. 模式技术推介

【山药无架栽培】

选用南通地方特色的“短蔓双胞山药”品种，该品种生长中无须搭架，茎蔓在田间匍匐生长。

采用块茎种段繁殖，等行或宽窄行种植。等行种植时，行距65～70 cm、株距20～23 cm。每亩种植密度4 500～5 000株。块茎种段催芽播种，待幼芽长到1 cm时即可播种定植。播种时，可选留1个壮芽，其余芽都要抹掉。徒长田块可在现蕾开花期（约7月上旬）喷施多效唑化控。生长期内，及时防控田间杂草。7—8月的高温季节，在行间用麦秆、芦青等覆盖保墒。加强田间沟系配套，及时排出积水。肥料管理等与搭架种植的大体相同。

【山药定向槽斜向栽培】

通过置于土壤浅层的“U”形槽，改变山药块茎垂直生长的习性，人为定向诱导块茎在靠近畦面土层一侧以一定斜度生长。由于靠近畦面土层昼夜温差大、槽内填充的基质疏松、透气性好，减少了山药在土壤中的生长阻力，由此方法长出的山药外表皮更加光滑、美观，产量也能有明显增加。

播前整地作畦，根据定向槽长度设置畦面宽100 cm左右，畦沟宽30～40 cm，畦沟深20 cm左右。用山药定向开槽机开槽沟，沟距20～30 cm，斜度15°～20°，铺设塑料定向槽或硬质塑料片，槽内放置稻草、玉米秸秆、菇渣等填充材料。畦面上和定向槽内覆土厚度10～15 cm，顶部预留播种穴。覆土后畦面覆盖黑色降解地膜等。做好田间灌排沟系疏通。每亩开1 800～2 500个槽，每个槽内播种1～2个种薯。在田间管理上，要及时做好破膜放苗、搭架引蔓、中耕除草、肥水管理和病虫害防控等措施。

五

萝　卜

赛雪梨的地里“水果”

以种植在如皋市如城镇及周边地区的白萝卜最著名，其皮薄、肉嫩、多汁，味甘不辣，嚼而无渣，有“如皋的萝卜赛雪梨”美誉。如皋白萝卜生食、熟食均可，也可腌制成萝卜干。“如皋白萝卜（萝卜干）”“如皋白萝卜（萝卜）”经核准注册为中国地理标志证明商标。

白萝卜规模化种植

如皋白萝卜

晾晒的萝卜条

如皋萝卜干

羊肉炖白萝卜

萝卜丝馒头

（一）基本概况

1. 起源与分布

萝卜系十字花科萝卜属两年或一年生草本植物，原始种起源于欧、亚温暖海岸的野萝卜，后由中亚传入我国，经过长期选育栽培，形成大型的萝卜。别名莱菔、芦菔、萝白等。

萝卜在我国各地普遍栽培。

2. 种植历史

我国食用萝卜的历史可能有六七千年，到宋代栽培萝卜已较普遍。

我国早在2 500年以前的《诗经·邶风·谷风》中有“采菲采葑，无以下体”的记载，其中的“菲”就是我们熟知的白萝卜。从西周到春秋的五六百年间，我国萝卜栽培地域在黄河流域中下游，即现在的陕西、山西、河北、山东、河南等地及湖北省的北部。贾思勰的《齐民要术》中，已有萝卜栽培方法的记载。宋代苏颂的《图经》中说道：“莱菔南北通有，北土尤多”。明代李时珍的《本草纲目》中说“莱菔天下通有之”，说明萝卜已成为中国的大众化蔬菜。

3. 利用价值

萝卜味甜，脆嫩、汁多，上古时期便成为人类基本食谱中不可或缺的食材。它含有大量的糖类、多种氨基酸、维生素和矿物质，特别是维生素C含量比一般蔬菜高得多，且含有核黄素、氢化黏液素、莱菔脑、淀粉酶、氧化酶、芥子油、胆碱、腺素、苷酶等多种特殊成分，不但有丰富的营养价值，还有良好的药用保健功能。民间有“冬吃萝卜夏吃姜，不劳医生开药方”“萝卜上了街，药铺不用开”“家有万贯、不如吃萝卜就饭”等谚语说法。唐代《本草》谈到“莱菔”有“消谷，去痰癖，肥健人”的药用价值。《本草纲目》称萝卜“乃蔬中之最有益者”，它具有消食、顺气、醒酒、化痰、治喘、止咳、利五脏、散瘀血、补虚等功效。

以肥大的萝卜根为主要的原料，可以开发出腌制型、液汁型、粉面型和食疗型等多种类型的萝卜系列食品。萝卜种子、鲜根、枯根、叶皆可以入药。种子消食化痰，鲜根止渴、助消化，枯根利二便，叶治初痢，并预防痢疾，种子榨油工业用或食用。

（二）特征特性

1. 形态特征

萝卜为肉质直根，长圆形、球形或圆锥形，外皮为绿色、白色或红色等。

茎有分枝，高20 ~ 100 cm，无毛，稍具粉霜。

基生叶和下部茎生叶大头羽状半裂，长8 ~ 30 cm，宽3 ~ 5 cm，顶裂片为卵形，侧裂片4 ~ 6对，为长圆形，有钝齿，疏生粗毛，上部叶为长圆形，有锯齿或近全缘。

总状花序，顶生及腋生；花白色或粉红色，直径1.5 ~ 2.0 cm；花梗长5 ~ 15 mm；萼片为长圆形，长5 ~ 7 mm；花瓣为倒卵形，长1.0 ~ 1.5 cm，具有紫纹，下部有长5 mm的爪。

长角果，圆柱形，长3 ~ 6 cm，宽10 ~ 12 mm，在相当于种子中间处缢缩，并形成海绵质横隔；顶端喙长1.0 ~ 1.5 cm；果梗长1.0 ~ 1.5 cm；种子1 ~ 6个，种子卵形，微扁，长约3 mm，红棕色，有细网纹。花期为4—5月，果期为5—6月。

2. 生长习性

萝卜为半耐寒性蔬菜，种子在2 ~ 3 ℃便能发芽，适温为20 ~ 25 ℃；幼苗期能耐25 ℃左右较高的温度，也能耐-2 ~ -3 ℃的低温；萝卜茎叶生长的温度为5 ~ 25 ℃，适温为15 ~ 20 ℃；肉质根生长的温度为6 ~ 20 ℃，适温为18 ~ 20 ℃，当温度低于-2 ~ -1 ℃时，肉质根会受冻。

萝卜生长需要充足的日照，日照充足时，植株生长健壮，光合作用强，物质积累多，肉质根的膨大快，产量高；萝卜属长日照性植物，完成春化的植株在长日照（12 h以上）及较高的温度条件下，其花芽分化及花枝抽生都较快。

萝卜适于肉质根生长的土壤有效水含量为65% ~ 80%，空气湿度为80% ~ 90%；空气湿度大，可提高品质；但是土壤水分也不能过多，否则土壤中空气缺乏，不利根的生长与吸收，土壤过于干燥，则肉质根的辣味增强，品质不良；如果水分供应不匀，则肉质根容易开裂。

萝卜以土层深厚，土质疏松、保水、保肥性能良好的沙壤土为最好；土壤pH值以5.3 ~ 7.0为适宜。

3. 品种类型

依据萝卜根形，可分为长形、圆形、扁圆形、卵圆形、纺锤形、圆锥形等品种类型。

依据用途，可将萝卜分为菜用、水果用和加工腌制用等品种类型。

依据生育期的长短，可将萝卜分为早熟、中熟和晚熟等品种类型。

栽培上一般依据收获季节，可分为冬萝卜、春萝卜、夏秋萝卜和四季萝卜4种类型。

（三）区域特色

1. 农耕历史

在南通地区，以产于如皋的白萝卜最为有名，其种植历史悠久。

千年之前，如皋人就开始种植萝卜。相传，唐太和年间（827—836年），如皋定慧寺的僧人们就将自己种植的白萝卜雕刻成莲花、佛手、宝塔、灯笼等作为贡品进献给当时的皇帝。该寺僧人三勒，将萝卜切成橘子瓣，放在芦柴箔子上风干后用食盐腌制成萝卜干食用，并起名“三勒菜”，这就是如皋萝卜皮（干）的起源，距今有近1 200年。

如皋人丁其誉，顺治十二年（1655）进士，对中医、中药、养生、营养学等方面研究较深，所撰《寿世秘典》（1661年辑）中记载了萝卜的药用价值，“莱菔，气味辛甘，叶辛苦涩，无毒。主利膈，宽中、消食、下气，去痰癖，止咳嗽。生食止渴，煮食化痰、消导，气味辛甘平，无毒。主下气、定喘化痰、消食除胀，利大小便”。清乾隆年间（1750年）修订的《如皋县志》中记载：“萝卜，一名莱菔，有红白二种，四时皆可栽，唯末伏初为善，破甲即可供食，生沙壤者甘而脆，生瘠土者坚而辣。”

清嘉庆年间（1796—1820年），如皋萝卜干被列入地方特产，设作坊加工，大量外销。至清末，如皋有30多家作坊腌制萝卜干销售，还制成佛手萝卜、兰花萝卜等系列产品。如皋萝卜干以香、脆、甜、嫩“四绝”蜚声海外。

如皋白萝卜皮薄、肉嫩、多汁，味甘不辣，嚼而无渣。用它为原料经精细加工而成的“如皋萝卜干”，是久负盛名的江苏特产。“如皋的萝卜赛雪梨”“烟台苹果莱阳梨，不及如皋萝卜皮”“萝卜干嘎嘣脆，常吃能活一百岁”等谚语早就在如皋民间流传开来。

2. 传统生产

如皋的白萝卜种植主要分布在如皋市如城近郊及周边地区。传统生产上，常年种植约1.5万亩。

随着一代又一代如皋人的选育，20世纪50年代，已形成两个当家品种“百日籽”“捏颈儿”，此外还有“漏天青”“鸭蛋头”等品种。如皋白萝卜根形端正，白皮细尾，皮薄易剥，肉粉白色，叶黄绿色，多为花叶，生长期功能叶14片左右，叶丛半直立，开展度小，适于密植，宜秋冬栽培。

百日籽萝卜：株高36 cm，叶簇半直立，花叶，叶色深绿，叶簇基部与根头部之间有1.5～2.0 cm长的短缩茎。肉质根扁圆形，长6 cm，横径8 cm，入土深，耐寒性强，不易受冻和空心，外皮薄而光滑。单根重0.15～0.20 kg。该品种的显著特点是，越冬前组织致密结实，经霜冻后渐渐变脆，肉质脆嫩无渣，味鲜甜爽口，多为生食用，尤以元旦至春节上市品质最佳。享有“赛雪梨”之美称。

捏颈儿萝卜：因根头与肉质根之间有长0.4～1.0 cm、粗0.5～0.8 cm的未膨大的下胚轴，形似“脖颈”而得名。株高34 cm，叶簇直立，枇杷叶，叶绿色。肉质根椭圆形，长7～8 cm，横径5～6 cm，入土较深，耐寒，不糠心。外皮薄而光滑，组织致密，皮薄嫩脆、味甜，腌制加工与生食兼用，是加工萝卜干的主要原料。

漏天青萝卜：根卵圆形，根颈部（约占根长的1/5）露出土面，呈浅青绿色。单根重0.2～0.3 kg，因其折干率较高，萝卜味较浓，常用来加工成咸片。

3. 产业发展

1949年，如皋酱醋厂开始生产东皋牌萝卜条。1964年改名为“江苏萝卜条”。20世纪80年代中期，如皋酱醋厂加工生产的“江苏萝卜条”，出口数量占全国酱制品出口总量的1/4，居全国同行业首位。

进入21世纪，如皋注册了赛雪梨商标，如皋白萝卜干、如皋萝卜皮成为江苏省出口创汇的拳头产品，畅销日本、韩国、新加坡等多个国家。

近几年来，不断强化品牌建设，推进品种提纯复壮和良种统供，加强标准化生产规模化基地建设，积极扶持产品加工龙头企业、鲜食产品销售重点企业及网络销售单位建立产品质量监督与追溯体系，有效推进了如皋白萝卜的产业化。如皋萝卜干制作技艺被列入第三批南通市非物质文化遗产代表性项目名录。如皋白萝卜先后获评全国名特优新农产品、江苏省农业区域公用品牌。

4. 名特产品

【如皋白萝卜】

2013年12月，如皋白萝卜（萝卜干）经核准注册为中国地理标志证明商标。2014年1月，如皋白萝卜（萝卜）经核准注册为中国地理标志证明商标。“如皋白萝卜”地理标志证明商标的生产地域范围：如皋通扬运河以西、如海运河以东的如城镇、东陈镇、磨头镇、桃园镇等4个镇。

如皋白萝卜品种属白圆萝卜类型，呈“荸荠状”“鸭蛋状”，具有皮薄、肉嫩、汁多、味甘不辣和木质素少、嚼后无渣等特点。

（四）特色膳食

如皋白萝卜生食、熟食均可。

如皋等地，人们尤其喜欢生食白萝卜。其中，如皋白萝卜“百日籽”品种肉质脆嫩多汁无渣、味道鲜甜爽口，有“赛雪梨”美誉。每当小雪时节，正是白萝卜大量上市的时候，新鲜水灵，营养丰富，是养生的好食材，当地人们习惯每天食用几只萝卜来祛病保健强身。民间流传着“冬吃萝卜夏吃姜，不劳先生开处方”的谚语，可见人们对生食萝卜的喜爱。

白萝卜生食的另一种家常吃法是凉拌萝卜丝，其清脆爽口，百吃不腻。海蜇拌萝卜丝，清冽爽口，脆脆凉凉的，南通地区这两种食材的搭配自然而又经典。制作方法：萝卜去皮切丝或刨成丝，加适量盐拌匀腌渍，杀出水后，挤去水分；海蜇提前浸泡去除咸腥味，洗净后切丝，用凉开水或纯净水过一下；处理好的海蜇和萝卜丝放入盘中，加糖，盐是否要加视腌渍后萝卜丝的咸淡而定；葱洗净切末，入温油中煸香，稍稍有些许焦黄，关火，连油带葱倒在海蜇萝卜丝上，拌匀即可。

用萝卜丝做馅，用来包馒头、做烧饼、炸萝卜丝饼或是直接炸萝卜丝丸子等，均深受当地消费者喜爱。萝卜丝饼则称得上是地地道道传统小吃，外面金黄酥脆，咬开来的萝卜丝清甜爽口。制作方法：把萝卜刨丝，用盐把水浸出后挤干；放入鸡蛋、虾皮，加入葱花、盐、白胡椒粉等调味品和适量的水，拌入面粉，搅和均匀呈糊烂状；在平底锅中加入适量食用油，确保油温适中，同时将萝卜丝面糊分成适量小分面团，搓成圆形小饼放入锅中，双面煎至金黄即可。

"羊肉炖白萝卜"是如皋等地的一道名菜，以羊肉为主料，辅以白萝卜炖制，白萝卜软糯入味，吸收了羊肉的鲜，还解了油脂的腻，在寒冬季节食用既营养好吃又能够暖身。制作方法：锅中做开水放入焯净的羊肉块和葱、姜，大火烧开烹入白酒，改中火盖盖煨1 h；打开锅盖放入焯过水的白萝卜，改大火煮30 min，加盐、胡椒粉调味，当白萝卜变软透明时出锅，根据口味可撒入切碎的蒜叶、香菜叶即可食用。

"鱼头炖白萝卜"则是地道的农家家常菜，其汤色奶白，味道鲜美，营养全面。制作方法：炒锅烧热，放少许油后放入少量的五花肉丁，煸出油和香味；放入鱼头，鱼尾，鱼骨稍煎至金黄色时放入少许料酒和姜片翻炒下；锅中倒入开水，没过鱼头，大火煮开2 min；放入切成片状或是滚刀块状的白萝卜，煮开后改小火炖，煮至萝卜熟后，放入盐，白胡椒粉、青蒜叶、香菜等即可。

用如皋白萝卜为原料腌制的如皋特色萝卜干，远近闻名，具有香、甜、嫩、脆的特色。主要加工流程包括清洗、切制、过磅腌制、拣片和复腌等环节。①清洗：将萝卜用清水洗干净，去掉蒂、尾、须、黑斑等。②切制：将清洗好的萝卜切成大小适宜的橘片形萝卜条，基本片片有皮。③过磅腌制：选择晒后符合质量标准的白片进行腌制，拌和均匀，层层压实，次日进行第一次翻池，然后每隔2 d进行一次翻池，一般需翻池4次以上。④拣片：对初腌半月以上的萝卜条进行拣片整形，拣片过程中选大小基本均匀的橘片条，去掉头尾及黑斑杂物等后列为正品。⑤复腌：正品入池后，用干净的原卤水进行浸洗，充分拌和均匀，复腌5 d左右。复腌过程中需翻池1～2次，经复腌后的正品即为如皋香甜萝卜条。

（五）种植管理

如皋白萝卜具有脆、甜等品质特色。要根据产品用途，合理选用"百日籽”（水果型）、“捏颈儿”（腌制加工型）、“漏天青萝卜”（腌制加工型）等优良品种，把握好适期播种、施用粪肥等有机肥、控制好土壤湿度等关键环节。

1. 整地播种

施肥整地：白萝卜是直根性蔬菜，生长期较短，需肥量大而集中，要求结合整地施足基肥。一般于7月底至8月初，前茬作物清理后，每亩施用腐熟粪肥3 500 kg、复合肥40 kg，深翻细耙后作畦，畦面呈龟背式，宽2 m，畦沟宽15 ~ 20 cm、深20 ~ 25 cm，达到土层深厚、疏松肥沃、排水良好的要求。

适期播种：根据种植品种合理安排播种期。用作鲜食的“百日籽”品种，一般在8月下旬播种，最佳采收时间为11月中旬到翌年2月下旬，其肉质根在10月底到2月底气温较低的寒冷季节里，可形成“赛雪梨”的优良品质；用作加工（也可鲜食）用的“捏颈儿”品种，一般8月中旬播种，10月下旬收获；用作加工的“漏天青萝卜”品种，一般8月上旬播种，11月上旬收获。每亩用种750 g，均匀撒播，播后覆土厚1.5 cm，并稍加镇压，或再覆盖玉米秆，以促齐苗、全苗。出苗时应及时揭除玉米秆。

2. 田间培管

间苗定苗：白萝卜生长期间，一般需间苗3次。通常齐苗后子叶展平露心时第1次间苗，2 ~ 3片真叶时第2次间苗，3 ~ 4片真叶时最后1次间苗。随后即可定苗，苗与苗之间的间距8 cm左右。

适时追肥：分别在2片真叶时和5 ~ 6片真叶时进行追肥。追肥仍以粪肥为主，每次亩施稀薄粪肥2 000 kg和尿素10 kg。白萝卜开始膨大后，一般不再施肥。但少数苗情仍较差的田块，每亩可再追施尿素15 kg。

合理浇水：白萝卜根系弱而叶面积大，缺水会抑制根的膨大，使辣味变浓，而且容易空心，影响其产量和品质。若水分过多，又会引起叶部徒长，导致产量下降。根膨大期若供水不匀，则容易发生裂根现象。因此要根据不同生长时期，合理控制土壤湿度。一般在白萝卜“破肚”前应控制浇水，以使直根深入土层。在“破肚”至第二叶环展开期，以畦面不发白不浇水为度，适当控制浇水，可防止叶丛徒长。随着白萝卜膨大速度加快，应均匀地加大浇水量，以保持土壤湿润。

中耕除草：在追肥和浇水后，应注意中耕除草，改善根际土壤环境，防止土壤板结。菜农通常用3 cm宽的小锹锄草松土。

病虫害防治：如皋白萝卜抗病性较强，生长期间很少发病，晚秋季节容易遭受蚜虫为害，注意防控。

3. 产品收获和留种

（1）白萝卜收获。“捏颈儿”“漏天青萝卜”等用于加工的，应在肉质根充分膨大、叶色转淡变黄绿时，抢晴天集中采收，采收时削去根头、根尾，洗净后晾晒加工；“百日籽”品种等用于鲜食的，可从11月底开始至翌年3月陆续采收上市。

（2）白萝卜留种。宜采用大株留种法。即在采收时精心选择皮光而洁白，根痕小、尾细、根形端正，具有本品种典型性状且无病虫害的植株作种株，按株距30 cm、行距40 cm挖穴栽植种株。定植前，将叶柄切除大半留叶柄5 cm左右，然后定植。定植时，深栽踩实以防冻害。翌年春天抽薹开花，种荚黄熟后，要及时收获种株，以防鸟害和雨淋。种株收割后一般堆放3～5 d，让其后熟，堆放期间应翻动，以免种子颜色变黑。种荚脱粒后，清除杂质，风干、包装，贮藏于冷凉干燥处。

4. 模式技术推介

【白萝卜周年茬口衔接】

如皋白萝卜主要有玉米茬和蔬菜茬两种茬口类型。

玉米茬种植白萝卜：玉米4月上中旬播种，7月下旬或8月初收获离田。玉米收获后，清茬、施肥、整地，适时播种白萝卜。10月底至11月上旬采收的白萝卜地，可种植小麦或是元麦等。

蔬菜茬种植白萝卜：蔬菜田茬口多为茄果类、瓜类蔬菜，收获清茬后，适时播种白萝卜。10月底至11月上旬采收的白萝卜地，可种植秋冬叶类蔬菜。

六

青皮长茄

沙地餐桌上的"常客"

主要种植在启东市、海门区以及通州区东部、如东县沿海等地。茄果的皮色翠绿、果形圆直、条长形，果肉细腻柔嫩，是沙地人夏天的主打蔬菜。可蒸、烧或是做汤，食用方法多种。"启东青皮长茄"获国家农产品地理标志登记保护。

青皮长茄植株

青皮长茄果实

清炒茄子

蟛蜞茄子煲

绿茄糟烧带鱼

（一）基本概况

1. 起源与分布

青皮长茄系茄科茄属一年生草本植物，是茄子大家簇中果实青绿色、果形长棒状的一种类型。茄子起源于亚洲东南热带地区，古印度为最早驯化地，印度一直有茄子的野生种和近缘种。野生种果实小味苦，经长期栽培驯化，风味改善，果实变大。因茄子的味道似酥酪，又名落苏、酪酥。

茄子在我国南北各地普遍栽培，消费者对果形、果实颜色的喜好有明显的地区差异。

2. 种植历史

我国栽培茄子历史悠久，类型品种繁多。通常认为我国是茄子的第二起源地。茄子最晚在西汉末已经从印度传到了四川，另外也从东南亚传入华南。西晋嵇含撰写的植物学著作《南方草木状》提到“茄树。交、广草木，经冬不衰，故蔬圃之中种茄”，这是我国有关茄子的最早记载。此后渐渐传入北方，东晋的京口（镇江）种植茄子远近闻名。宋代苏颂撰写的《图经本草》记述当时南北除有紫茄、白茄、水茄外，江南一带还种有藤茄。

大隋朝的隋炀帝对茄子特别偏爱，钦命为“昆仑紫瓜”。唐朝时期，已发现茄子不仅是一种蔬菜，而且还具有药用价值。唐朝《食疗本草》记述有茄子的药用功效与方法。《酉阳杂俎》也有相关记载：“茄子熟者，食之厚肠胃，动气发疾。能根治灶瘃。欲其子繁，待其花时，取叶布于过路，以灰规之，人践之，子必繁也。”明代李时珍在《本草纲目》一书中记载，茄子治寒热，五脏劳，治温疾。

3. 利用价值

茄子是一种常见的蔬菜，不仅口感独特，而且具有丰富的营养价值和食疗保健功效。

茄子属于寒凉性食物，有清热活血、消肿止痛的功效，夏天食用有助于清热解暑。茄子的碳水化合物含量低（5%左右），且含有较多的膳食纤维、维生素、茄碱和钾、钙等物质。茄子中含有维生素P，能防止维生素C被破坏，保护加强毛细管壁弹性，增强人体细胞免疫力。茄子富含果胶膳食纤维，可以减缓食物消化速度，容易产生饱腹感，从而减少食物摄入。茄子中的茄碱成分具有降低胆固醇和血糖的作用，有助于预防心血管疾病和糖尿病。

（二）特征特性

1. 形态特征

茄子根系具有深根性，根系较发达，大多数根系分布在近地表0.3 m以内的土层中。根系木质化比较早，根系被切断或损伤后，萌发新根的能力较差。因此育苗时应注意保护根系，避免多次移栽。

圆形茎，幼苗期为草质，随植株长大逐渐木质化。成株期的茎直立粗壮，一般不需支架栽培。其枝条的生长速度不快，营养生长与生殖生长较易得到平衡。成株的茎枝外皮较厚，其上有暗灰色的斑点与毛茸。茎的颜色与果实、叶色的颜色有相关性，一般紫色品种其嫩茎及叶柄为紫色，白茄或绿色品种其嫩茎及叶柄为绿色。茄子分枝能力较强且很有规律，分枝习性属于双杈假轴分枝，门茄以下节位的侧芽萌发能力强，应及早摘除。

互生单叶，具有长叶柄。叶片肥大，呈长椭圆形、倒卵圆形或圆形。叶片粗糙有茸毛，叶柄、叶脉有刺毛，叶缘有波浪状的钝缺刻。叶的中肋及叶柄颜色与茎相同。

两性花，单生，向下生长。自花授粉植物。花多为紫色或淡紫色，也有白色的。花朵基部最外层与花梗相连的萼片上长有锐刺。萼片基部筒状钟形，先端深裂成5～8片，裂片披针形，萼片的颜色与茎的颜色相同。萼片内着生蓝紫色的花瓣，一般花瓣数目与萼片数目相同。根据花柱头与花药顶端的相对位置，一般分为长柱花、中柱花和短柱花，前两种花有结果能力。

茄子果实为浆果，形状和颜色多种多样。依据分枝习性，结果层从下至上顺次为门茄、对茄、四门斗、八面风、满天星。

种子近肾形，扁平，黄色有光泽。种子千粒重4～5 g。

2. 生长习性

茄子喜高温，比较耐热，怕干热、怕寒。生长发育适温22～30 ℃。20 ℃以下植株生长缓慢，果实发育受阻，15 ℃以下引起落花落果。种子萌发的适宜温度为25～30 ℃，发芽的起始温度11～18 ℃。幼苗期和结果期以日温25～30 ℃、夜温15～20 ℃为宜。10 ℃以下时植株生长缓慢趋于停止。5 ℃以下时会引起寒害，叶片叶脉间呈现褐色小斑点。−2～−1 ℃植株会被冻死。生长在一定温度范围内，温度稍低，花芽分化稍有延迟，但长柱花多；反之，高温下花芽分化提前，但中柱花和短柱花比例增加，尤其在高夜温（高于20 ℃）的影响更为显著，落花增加。

茄子是喜光作物，对光照条件要求较高，不耐弱光。随着光照强度的减弱，植株开花数量随之减少、落花数增多。光照不足时，茄子产量会显著降低，并导致果实着色不良。不同的日照长度对茄子花芽分化的早晚以及花的形成质量都有所影响。在15～16 h的长光照下，花芽分化早，着花节位低。但随着光照长度缩短，花芽分化推迟，着花节位上升。

茄子枝叶繁茂，结果多，需水量较大。在缺水干旱时，植株生长缓慢，结果少，品质差。茄子怕涝，土壤渍水会造成烂根死秧。茄子要求中等空气湿度，适宜空气相对湿度以60%～80%为宜。

茄子对土壤要求不严格，适宜的土壤pH值为6.8～7.3。高产栽培时，宜选择土层深厚、疏松肥沃、排水良好的壤土或沙质壤土。

3. 品种类型

我国茄子的种质资源相当丰富。

根据植株形态，可将茄子分为直立型和横蔓型2类。

根据果实形状，可分为圆茄、长茄和卵茄（矮茄）。

根据果皮颜色，可分为紫黑茄、紫红茄、绿茄和白茄。

根据萼片颜色，可分为紫把紫茄子、绿把绿茄子和绿把紫茄子。

根据门茄着生节位，可将茄子分为早熟、中熟和晚熟品种。

（三）区域特色

1. 农耕历史

启东、海门等地种植青皮长茄，已有百余年历史。青皮长茄比较耐盐碱，而且在启东、海门等砂性土壤上长势良好，因此一直延续种植。这里的乡民所称的“茄子”是指青皮茄子，紫茄子有自己独特的称谓——落苏。

在长期的种植过程中，农民们挑选皮色翠绿、果型圆直、条形长、果肉细腻柔嫩的作为来年的种子，通过年复一年自行选种、留种，因而较好地保持了青皮长茄优良的特征特性和原始的风味口感。

青皮茄子长得比紫皮茄子秀气，口感也比紫皮茄子要嫩。在物资匮乏的年代，农家餐桌上的菜都是以自家种植的蔬菜为主，而青皮茄子则是夏天的主打菜。20世纪60年代初的三年困难时期，农民将青皮长茄煮烂，作为主食充饥。当地流传有关于青皮长茄的俗语，如“玉米稀饭茄脚柄，越吃越得劲”“青皮茄子长遥遥，饭镬一烀就烀熟。葱酱麻油拌来吃，人人都说赛过肉”，等等，说明了青皮长茄在启东、海门等地历史上作为主要蔬菜之一在民间深受欢迎的程度。

2. 传统生产

青皮茄子作为启东、海门等地的特产，是一种寻常可见的蔬菜。传统生产上，长期以自给自足、本地消费模式为主，且多以散户露地零星种植。

这里的农村里，家家户户都会在家前屋后、庭院菜园种上一些。春天播种育苗，初夏开出紫色的茄花。青皮长茄分枝多，结果多，产量高，当地人常说“茄子十八杈，杈杈十八只”。盛夏时节，一条条青绿色的细长的茄子隐藏在茂密的茄叶间，已可采摘食用了。每年8月以后陆续上市，一直可以持续到11月中下旬。

随着钢架大棚等设施普及，青皮长茄生产上实现了大棚种植和露地生产相并存。大棚早春青皮长茄可提早到3月中旬就开始采收上市，有效地满足市场需求。

3. 产业发展

近年来，启东、海门等地的青皮茄子得到了稳定的发展，常年种植面积8万亩左右。通过钢架大棚设施栽培以及高效种植模式、茄子嫁接苗等集成应用，有效促进了青皮长茄连片规模化生产和高效集约化种植。特别是青皮茄子嫁接苗的应用，为有效解决大棚作物连作障碍、实现青皮长茄子绿色生产提供了有效途径。青皮茄子嫁接是将青皮长茄子秧苗上部嫁接到托鲁巴姆（野生茄子品种）茎上，接穗和砧木长成一个完整的植株，这样茄子果实具有青皮长茄独特的品质，而根部则有野生茄子抗逆性和强大吸水吸肥能力。

近年来，不断加强种植基地和品牌建设，积极拓展外向销售。产品除满足本地市场的同时，还销往上海、南京等外地大中城市。

4. 名特产品

【启东青皮长茄】

2015年7月，农业部批准对“启东青皮长茄”实施国家农产品地理标志登记保护。地理标志地域保护范围包括启东市的原汇龙镇、北新镇、惠萍镇、寅阳镇、东海镇、近海镇、南阳镇、海复镇、合作镇、王鲍镇、吕四港镇、启隆乡等12个镇乡。地理坐标：北纬31°41′06″~32°16′19″，东经121°25′40″~121°54′30″。

外在感官特征：果皮翠绿色，皮薄，平滑有光泽，果肉浅绿白色，不易褐变，质地细腻柔嫩。

内在品质特色：启东青皮长茄纤维少，味甘甜，熟食口感糯性。品种每100 g含蛋白质0.8 g左右，碳水化合物大于6 g，钙含量5 mg以上，钾含量大于200 mg。

（四）特色膳食

青皮长茄最简便的吃法是“蒸”，叫作“烀茄子”。三伏天闷热难耐，人们习惯把刚采摘下来的青皮长茄，去皮切条，放在锅里蒸熟，拿出后浇入调好的酱汁，酱汁可依据个人口味放入生抽、醋、糖、盐、蒜泥等，随意搭配，美味可口。

“蟛蜞茄子”是启东、海门等地的著名农家菜。将青皮长茄切成长5 cm、宽2 cm的条状，用盐揉至转色，将蟛蜞或螃蟹捣碎后拌入茄条，加适量黄酒，放入罐或瓶中密封，一星期后清蒸食用，茄子碧翠如玉，蟛蜞鲜红，色香味齐全。

青皮长茄与鱼搭配食用，是具有区域特色的吃法，制作方法也很独特。

海门等地的“绿茄糟烧带鱼”曾上过中央电视台，这里的绿茄就是指青皮长茄。这道菜，需要先腌制好带鱼。将带鱼背上的鱼鳍、鱼头、鱼尾剪掉，切成6~7 cm的带鱼块，在鱼块上均匀涂抹食盐。将米酒糟用盐均匀地拌一下，拌好后以一层酒糟，一层带鱼的方式放入罐中腌制一个月左右。腌制的时间越久，酒香味会越足。烧制时，将腌好的带鱼取出；热锅后倒入菜籽油，放入葱、姜、蒜爆香，放入带鱼煎至两面微黄后，淋入料酒去腥；加入糖、酱油、酒糟和清水，大火烧开后倒入切成滚刀块的茄子，改小火炖煮10 min收汁即可。酒糟是用糯米经过浸泡，蒸熟，撒曲，发酵，过滤，陈化制作而成。当地人经常用米酒糟和盐一起腌制各种江鲜和海鲜，以便更好地保鲜食物。这道特色的绿茄糟烧带鱼，绿皮茄子不仅韧劲足，还吸收酒糟和带鱼的香味，带鱼的鱼肉酥烂又不失弹性。

马鲛鱼烧青茄子，是启海地区非常传统的家常菜。将马鲛鱼腌制风干，或是将鲜鱼切块提前半小时腌制稍加晾干，可根据个人口味的轻重适当调整腌制时间。烧制时，先用小火将鱼两边煎透、略有焦黄；鱼煎好后盛出，另坐锅热油，下葱姜蒜炝锅；茄子不需削皮，切成一指长的长条，将茄条煸炒至发软变黄或是微黄略焦；放入煎好的鱼块，加料酒、老抽、生抽、盐，少许糖，再倒入适量清水，大火烧开，转中小火焖15 min，大火收汁，撒上葱花即可。

青皮茄子与当地的洋扁豆，称得上是完美搭配，汤鲜味美。另外，肉夸茄子、红烧茄子、肉末茄子、茄丝豆腐等均是宾馆、饭店的招牌菜肴，深受消费者的青睐。

（五）种植管理

启东、海门等地青皮长茄，可春秋两季栽培，尤其适宜春季早熟栽培。近年来，大棚早春青皮长茄的面积迅速增加。生产上，要求地势平坦、排灌方便、土壤耕作层深厚、土壤结构适宜和理化性状良好，注意选择早熟、抗病性抗逆性强、品质优、产量高及耐贮运的优良品种，如启海地区特有的青皮长茄、青皮六叶茄等。青皮长茄大棚早春栽培，一般11下旬至12月中旬播种，1月上中旬定植，3月中旬开始采收。7月中下旬至立秋前后，剪去老枝栽培二茬茄。

1. 播种育苗

标苗标准：茎粗壮，苗高18～20 cm，叶厚色深，早熟品种有6～7片叶、中晚熟品种有8～9片叶，根系发达，70%以上已经现蕾。

适期播种：大棚单层膜覆盖内加小拱棚栽培的，可于11月下旬至12月中旬播种，采用基质塑盘育苗。也可于10月10日左右作畦播种，架小棚覆膜增温保湿，幼苗2叶1心时，移栽到直径7 cm的营养钵中进行假植，通过盖棚膜、加盖草帘或遮阳网等措施增温保湿，苗期注意通风换气。

育苗管理：搞好温汤浸种、保湿催芽，当50%～60%种子露白时即可装盘播种。可在盘面喷洒适宜杀菌剂后，加盖地膜，搭小拱棚增温保湿。出苗前棚温保持25～28 ℃，60%以上秧苗破土时揭除塑盘上的地膜，齐苗后棚温控制在25 ℃左右。幼苗长势偏弱应及时追施1%尿素液肥。齐苗后喷施适宜药剂防治病虫害。移栽前一周逐步炼苗，确保幼苗矮壮、叶色深绿、茎节粗短，移栽后成活快。

2. 整地定植

整地施肥：大棚定植前，每亩施用腐熟有机肥1 500 kg、复合肥50 kg，精细整平后作畦，6 m宽的大棚4畦，8 m宽的大棚5～6畦，畦高10 cm左右，畦中间摆放滴灌带，畦面覆盖黑色地膜。

大棚定植：棚内温度10 cm平均地温稳定达到10 ℃以上时开始定植。移栽定植时，选冷尾暖头晴天上午，在地膜上挖穴放苗，盖土至根茎，每垄栽2行，株距35 cm，小行距40 cm，每亩定植3 500株左右。要求大小苗分开，一般小苗移栽于大棚中间2畦，大苗移栽于大棚两边2畦，以促幼苗平衡生长。定植后，浇足活棵水，待水完全下渗后再覆土护根。

3. 田间培管

采收前的管理：缓苗期注意保温，定植后5～7 d不通风或少通风，白天气温保持为28～30 ℃，夜间为15～18 ℃，以利提高地温，促进缓苗；缓苗以后至开花结果期，白天气温以25～28 ℃为宜，夜间15 ℃以上。定植后1周浇1次缓苗水后，到门茄瞪眼前控制浇水追肥。到门茄瞪眼时，采取膜下浇水1次，灌水后闭棚1 d再放风排湿，追施磷酸二铵10 kg/亩。门茄开始膨大时进行整枝，可采用双干整枝，保留门茄下第1侧枝，摘除以下的腋芽。5月上旬前，当夜间温度低于15 ℃，可用40 mg/kg防落素喷花，防治低温落花，注意不能重喷或蘸花。

开始采收到盛果期管理：门茄采收后，白天气温保持为25～32 ℃，夜间15～18 ℃。超过该温度时把大棚膜四周揭起1 m高，昼夜通风。对茄瞪眼时膜下灌1次水，灌水后闭棚1 h增加温度，中午加大放风排湿，防止高温、高湿引起落花、落果和病害，同时每亩追施磷酸二铵10 kg。生长过程中，把门茄以下叶片和病叶、老化叶片及时摘掉。

二茬茄子管理：大棚早春茄子适宜再生时间，从立秋节气前10 d开始至9月上旬为止。下部再生，是从主干距离地面15 ~ 20 cm位置处，将上部枝条剪掉，剪口下留足2 ~ 3个嫩芽。中部再生，是在植株中部留足2 ~ 3个幼嫩枝条，其余全部剪除。剪枝后立即追肥浇水，每亩冲施尿素10 kg，大水小肥，促进新枝萌发生长。

4. 产品收获和留种

（1）茄子收获。茄子以嫩果供食用，一般在开花后15 ~ 20 d即可采收上市。具体标准：当茄眼（即萼片与果实相连处）的白色或淡绿色环带，由宽变窄时是最佳采收期。茄子以早晨采收为最佳，果实既显得新鲜柔嫩，又有利于贮藏运输。采收时，用剪刀剪下果柄。

（2）茄子留种。茄子结果以后，挑选皮色翠绿、果形圆直、条形长、果肉细腻柔嫩、生长势强、抗病性好的植株做标记留种。茄子的种子发育较迟缓，通常在开花授粉后50 ~ 65 d种子成熟，在种果完全老化时开始采收，成熟一批采收一批，摘下种果，搁置在干燥阴凉处后熟7 ~ 14 d。后熟期间，适宜温度为20 ~ 25 ℃、相对湿度为70%。当果肉变软后，用棍棒敲打搓揉种果，使种子与果肉分离，然后用刀剖开，放入水中淘洗，漂洗去瘪籽，捞出果肉，淘洗干净后晾晒，但注意避免阳光暴晒。晒干后贮藏备用。

5. 模式技术推介

【大棚青皮长茄—越冬莴苣种植模式】

利用大棚采用早春青皮长茄与越冬莴苣复种，可显著提高大棚设施利用率，增加产量。通常每亩产青皮长茄6 000 ~ 7 000 kg、莴苣4 500 ~ 5 000 kg。

茬口配置：青皮长茄在10月10日左右播种育苗，12月上旬小苗假植，翌年2月上旬定植于塑料大棚内，3月下旬开始采收，7月中下旬剪枝，8月中旬第2批茄子采收，9月下旬采收结束。莴苣9月上旬在大棚内播种育苗，10月上旬移栽定植，12月中旬采收上市，翌年1月中旬采收结束。

七

黑塌菜

寒冬里的“维他命”菜

以种植在如皋市的黑塌菜最著名，通常房前屋后零星种植或大田规模化种植。叶片黛青色并带有浓浓黑晕，塌地生长，含有丰富的膳食纤维、维生素和矿物质。其质地柔嫩，经霜冻后更加味甜鲜美、清香爽口，是如皋人冬天的灵魂。可炒食、做汤，也可凉拌、腌渍。“如皋黑塌菜”经核准注册为中国地理标志证明商标。

如皋黑塌菜规模化种植

霜打后的黑塌菜

清炒黑塌菜

黑塌菜粉丝汤

黑塌菜烧油渣

黑塌菜用作“衬菜”

（一）基本概况

1. 起源与分布

黑塌菜系十字花科芸薹属一年生或二年生草本植物，是白菜的一个变种，因叶片墨绿，塌地而生而得名。原产于我国，别名乌塌菜、黑菜、塌棵菜、塌地崧、塌菜等。

黑塌菜主要分布在长江流域。

2. 种植历史

黑塌菜栽培历史悠久，早在宋朝时期就有相关记载。由于这种叶色深绿的塌地型白菜在江淮之间可以露地越冬，而深受欢迎。通过相当长时间的培育和定向选择，清代后期已形成不同特色的地方品种。江苏、上海、安徽等地的特色品种资源有如皋黑塌菜、常州乌塌菜、上海大中小八叶乌塌菜与黑叶油塌菜、南京瓢儿菜、合肥黄心乌与黑心乌、五河菊花心等。

南宋诗人范成大在《冬日田园杂兴》中写道："拨雪挑来塌地菘，味似蜜羹更肥浓。朱门肉食无风味，只做寻常菜把供。"韩愈也曾赋诗盛赞黑塌菜，相传有一年冬天，大雪飘飘，韩愈把贮藏的黑塌菜切成细丝，加汤慢炖，再配上新挖出的冬笋。众人品菘尝笋，煮酒论诗，很是酣畅，韩愈便写下了"晚菘细切肥牛肚，新笋初尝嫩马蹄"赞美佳句。

《食物本草》中记载："乌塌菜甘、平、无毒。"能"滑肠、疏肝、利五脏。"经常食用黑塌菜，具有防止便秘、增强人体防病抗病能力、泽肤健美等功效。

3. 利用价值

黑塌菜营养丰富，除含有膳食纤维、蛋白质、脂肪和碳水化合物外，还含有大量的矿物质和维生素。特别是经入冬经霜冻之后，可溶性糖类增加，口味清甜鲜美，其叶片肥厚，柔软脆嫩，既可炒食、做汤，也可凉拌、腌渍，还是烹调各种肉类的上等配菜，色香味均佳，是春节前后难得的上乘特色蔬菜。黑塌菜含有很高的抗坏血酸、胡萝卜素及钙质矿物盐类，被称为"维他命"菜。此外，黑塌菜叶色艳丽、外形美观，除田间种植外，可栽种在花盆中，具有较好的观赏性。

（二）特征特性

1. 形态特征

黑塌菜是肉质直根，须根比较发达，分布较浅，再生能力强，适于育苗移栽。

茎短缩，株丛塌地或半塌地生长，花芽分化后抽薹伸长。莲座叶柄宽而短、直立或半直立，白色或淡青色，占全叶长的1/2～2/3，叶片厚，圆形、椭圆或倒卵圆形，叶片平滑或皱缩，叶面有皱泡及刺毛，叶色浓绿至墨绿，心叶有不同程度卷心倾向和色泽变化。

总状花序，花序再分枝1～3次而形成复总状花序。花黄色。果实长角果，成熟时易开裂。种子圆形，赤褐色至黑褐色。千粒重1.5～2.2 g。

黑塌菜生长发育周期包括发芽期、幼苗期、莲座期、抽薹孕蕾期和开花结果期，以莲座叶为产品，幼苗期叶面积的增长速度比叶重增长快，进入莲座期后叶重增长加快，到了生长后期，叶重的增长主要是叶柄的增长，并成为养分的贮藏器官。

2. 生长习性

黑塌菜喜冷凉的环境条件。种子在15～30 ℃下经1～3 d发芽，发芽适宜温度20～25 ℃，最低发芽温度为4～8 ℃，最高温度为35 ℃。营养生长期的适宜温度18～22 ℃，其中幼苗期要求温度稍高些，而在莲座期要求温度较低。

黑塌菜耐寒性强，在生育期间遇短期的-10 ℃低温也不致冻死，但不耐热，25 ℃以上的高温及干燥条件，生长衰弱，易受病毒病为害，品质明显下降。

黑塌菜是长日照植物，长日照及较高的温度条件有利于抽薹开花。光照充足有利于生长，阴雨弱光下品质下降，产量降低。

黑塌菜叶片较大，根系入土较浅，需水量较多，全生育期都需要充足的水分，特别是进入莲座期以后，植株旺盛生长，需水量明显增加，如果缺水，不仅影响叶片生长，降低产量，而且叶片组织纤维素增多，降低品质。

黑塌菜对土壤的适应性强，以富含有机质、保水保肥能力强的黏壤土或冲积土栽培为最适，以中性至微酸性的土壤最好。由于以叶片为产品，且生长期短而生长迅速，要求以氮肥为主，钾肥次之，需磷较少。要求适量的微量元素硼。

3. 品种类型

按植株的塌地程度，可分成塌地和半塌地两种类型。

塌地类型：又称矮桩型，叶丛塌地，植株与地面紧贴、平展生长，八叶一轮，中部叶片排列紧密、隆起，中心如菊花心。

半塌地类型：植株不完全塌地，叶丛半直立。

（三）区域特色

1. 农耕历史

南通地区冬天种植的青菜品种很多，但以如皋等地种植的黑塌菜最具地方特色。如皋黑塌菜历史悠久，最早可追溯到明末清初。清乾隆十五年（1750年）编修的《如皋县志》记载："九月下种，十月分畦，冬后经霜更酥软，邑人呼为塌棵菜。初春嫩薹蔬茹皆胜，四月收子榨油，香美不亚麻油。"

这种叶片黛青色并带有浓浓黑晕、塌地生长的如皋黑塌菜，尤其受到当地人的喜欢。黑塌菜又被称为塌棵菜，如皋方言"趴趴菜"，和其他青菜不同的是，黑塌菜经霜冻后更加清香爽口，因此在这里又有着"腊月里黑菜赛羊肉"的说法。

如皋独特的自然环境条件和栽培方式，形成了黑塌菜的特有口感和营养品质。其株型平展，露地种植，历经风吹、雨淋、日晒、霜打、雪盖，在漫长的冬季低温下缓慢生长，充分汲取了天地精华，打造出味甜鲜美、质地柔嫩、清香爽口的品质。

黑塌菜就是如皋人冬天的灵魂，被称之为长寿菜。无论走到哪里，舌尖心底的乡味总是少不了它。2015年12月31日，出生于如皋的生物物理学家、美国国家科学院院士、中国科学院外籍院士庄小威及家人回乡省亲，庄小威院士5岁时就离开如城赴异地求学，即使数十年未曾回家，庄小威都忘不了黑塌菜的香味，她的父亲也补充道："在我的印象中，如皋的青菜比其他地方都好吃。"庄教授口中的如皋青菜，就是声名远扬的如皋黑塌菜。

2. 传统生产

如皋黑塌菜历来以农户房前屋后零星种植为主，用于冬季蔬菜的自给自足，少有供应市场。由于寒霜越重，黑塌菜就“越精神，品质越好”，经过寒风、雪霜的历练，黑塌菜味道才更为鲜美，因而最佳品质的上市期集中在12月至翌年2月。生产上，需要综合考虑当地气候条件、黑塌菜的产量、上市品质、商品性、消费习惯诸方面因素进行种植。正常年份，当地黑塌菜的适宜播种期为9月中下旬，最佳播种期为9月15—25日。如果碰上暖冬年份，播期可推迟到9月30日。通常育苗25 ~ 30 d后移栽。

黑塌菜可接茬玉米、大豆茬，或是芋头茬、荞麦茬，也可以在桑园内套种，或与蚕豆、荷仁豆、西兰花等作物间作。

3. 产业发展

近几年来，如皋的黑塌菜产业发展成效显著，现已形成规模化、标准化、品牌化全产业链发展格局。黑塌菜种植面积从2017年的0.4万亩，扩大到目前的3万亩以上，种植规模逐年增加。

通过提纯复壮、原种繁殖，从源头管控产品质量。已建有黑塌菜原种繁种基地30亩，可提供2万亩以上大田种植。运用低温技术开发出冻菜产品，营养和口感得到很好保持。2023年，制定发布了“如皋黑塌菜”和“如皋黑塌菜（速冻菜）”产品标准，以标准化赋能农业高质量发展。

探索品质保险机制，采取“公司+基地+农户”模式，通过以国企为首的4家龙头加工企业引领带动，建成标准化规模种植基地68家，亩均效益3 000元左右，年产值已达3.4亿元。通过速冻加工，如皋黑塌菜走进了远洋舰队和科考船队；走进上海、广州等一线城市的高档酒店和高端超市。

2021年，如皋市在北京成功举办了黑塌菜推介会。2023年年初，如皋黑塌菜的宣传片在CCTV-7国防军事频道的《新闻联播》前连播28 d。如皋黑塌菜作为极具文化代表性的特色农产品，先后获评国家地理标志证明商标、全国名特优新农产品、江苏省农业区域公用品牌、江苏农业品牌精品培育名单等荣誉，如皋获评江苏省首批绿色蔬菜产业（黑塌菜）特色县、入选江苏省特色农产品优势区，“清炒黑塌菜”入选江苏省百道乡土地标菜，如皋黑塌菜科技小院被中国农村专业技术协会评为最美科技小院，“中皋农产品”牌黑塌菜系列产品获第十二届江苏省园艺博览会一等奖。

4. 名特产品

【如皋黑塌菜】

2013年2月，如皋黑塌菜经核准注册为中国地理标志证明商标。“如皋黑塌菜”地理标志证明商标的生产地域范围：如皋通扬运河以西、如海运河以东地区的原如城镇、东陈镇、雪岸镇、丁埝镇、白蒲镇、林梓镇、下原镇、磨头镇、桃园镇、袁桥镇、柴湾镇等十一个镇。

如皋黑塌菜株型平展，叶多茎少，叶片呈卵圆形、叶色墨绿，叶面微皱且有光泽，肉质厚实，经霜冻后质地柔嫩、清香爽口。其营养丰富，富含多种维生素、膳食纤维及钙、铁、磷、镁等营养元素，被视为青菜中的珍品。

（四）特色膳食

黑塌菜叶肥梗少、绿叶盘错、颜色深翠，可供食用的部分很多，可炒食、做汤，也可以凉拌，还可以煮饭、做粥、下面条等。清炒时味美清爽、香气扑鼻、鲜美肥嫩，炖汤汤色晶莹透亮、宛如碧翠，无论是喜欢吃口脆响的，还是中意软糯的，都能在黑塌菜身上得到满足，黑塌菜也已然成为如皋人生活的日常标配。

黑塌菜要烧得好吃，用油要适中，一般蔬菜讲究清淡少油，但黑塌菜的叶子肥嫩，需要用油去滋润，才能激发它独有的口感。当地人在做黑塌菜时，总是以旺火爆炒，待菜炒瘪后加点白糖提鲜，再加入少许盐调味出锅。牙口好的，以吃口脆响为妙，家有老人的可加点水再多炒一会儿。

黑塌菜与豆制品搭配完美异常，烧豆腐、炒茶干、下豆腐皮汤等均可。当地人也常翻着花样吃，可以做成菜饭菜粥，包进馄饨里，放进豆腐汤里，放到面条里。也有把黑塌菜与当地种植的荞麦巧妙结合做成荞麦饼的，既营养又可口。具体做法：将香菇、黑塌菜、木耳洗净后切成丁，将鸡蛋摊成蛋饼切成丁状，把以上食材放入锅中翻炒至熟透，包入荞麦面团中，按压成扁平状，放入锅中蒸熟即可。当地人还喜欢将黑塌菜铺垫在碗的最下面，作为红烧肉、跑油肉、扒红蹄等荤菜的“衬菜”，而结果往往是下面用作“衬菜”的黑塌菜先被吃光。还有用黑塌菜烩肉圆、黑塌菜烧咸肉、黑塌菜炒香菇、炒木耳、炒虾米等家常做法。

在如皋等地，黑塌菜最有名的特色菜肴当数“黑塌菜烧油渣”和“黑塌菜烧粉丝”。

如皋等地有吃滋油的习惯。冬天里，一般人家都喜欢买点猪板油，炼成滋油冷冻后贮藏在小罐里，烧菜、拌菜饭、下面条或做个团儿饼的，挖儿匙滋油放进去，香喷喷。炼油时剩下的渣儿叫滋油渣。用油渣烧黑塌菜，称得是绝配，吃起来满口留香，很受当地人的喜爱，称得上是百吃不厌。

黑塌菜烧粉丝，是最能代表如皋味道的长寿美食，其汤色晶莹透亮、汤汁醇厚，宛如碧翠，在如皋几乎是每个饭店必备的，冬天大家聚餐，也是必点的首选菜。具体做法：将新鲜黑塌菜洗净、沥水后切段，把粉丝用温水中泡软后沥水；把新鲜猪筒骨浸泡、洗净、沥水后焯水洗净，放入锅中，加水，加入姜、香葱、黄酒等调料，用旺火烧开后撇去浮沫，改用中火炖至汤汁浓郁奶白；将铁锅烧热，放入猪油、大豆油，烧至七成热。放入姜片，煸炒出香味；将黑塌菜放入铁锅中，旺火煸炒，待黑塌菜回软后，改用中火，加入粉丝和骨头汤，烧煮片刻；放入食用盐、白胡椒粉、味精、绵白糖，调好味再中火烧开即可。根据个人口味，汤里放点辣倒点醋，微微的辣丝丝的酸，具有开胃、养胃的功能。

（五）种植管理

如皋等地的黑塌菜种植，大多是育苗移栽，也可进行直播。直播种植时，通常在9—10月播种，具体播种期因气候而定。每亩播种量0.5 kg左右，播种时在做好的畦面浅耙1次，做到畦平土细，然后均匀撒播，播后浇水。出苗后及时分次间苗，幼苗6片真叶时定苗，达到苗与苗之间的间距为25 cm左右。而育苗移栽种植，一方面能够集约化利用耕地，另一方面也更有利于丰产增效。

1. 播种育苗

整地作畦：育苗地要选择土质疏松肥沃、排水良好、近几年未种过十字花科蔬菜的地块，苗床每亩施用腐熟有机肥1 500 ~ 2 000 kg或商品有机肥1 000 kg+45%复合肥30 kg，播种前15 d耕翻一次，播种前1 d再旋耕、喷水，确保土壤湿润，精细整地并作畦，做到松、细、平。畦宽2 m，畦沟宽20 cm、深25 cm。

适期播种：适宜播种期为9月中下旬，最佳播种期为9月15—25日。具体视气候、种植方式等作适度调整，其中，林果园、桑园等套种田块的播种期适当推迟2 ~ 3 d，秋季降温早的适当提早2 ~ 3 d，而暖冬年份可推迟5 ~ 7 d。选用饱满的种子，每亩播种0.3 ~ 0.4 kg，均匀撒播，播后浅耙盖0.5 ~ 1.0 cm深的细土，轻压畦面。苗床与大田的面积比为1 ∶ 10。

苗期管理：播前补足底墒，播种后应根据天气、土壤墒情，及时补水，出苗前保持土壤湿润。播后2 ~ 3 d即可出苗，齐苗后视墒情再补水，当第2片真叶伸展后，每亩追施尿素10 kg，以促进壮苗。菜苗1叶1心时开始间苗，间苗2次，定苗间距7 ~ 8 cm。

穴盘育苗：黑塌菜穴盘育苗适用于机械移栽。大多利用大棚避雨育苗，选用72孔穴盘和蔬菜专用育苗基质。苗床整平，宽度1.55 m。播种前将基质加水拌匀，湿度以手握成团并有2 ~ 3滴水渗出、松开即散为宜，堆闷一夜让基质充分吸足水分。每孔1粒种子，播种后，覆盖堆闷过的基质0.5 cm。播种后将穴盘整齐置入预先准备好的苗床上，2 ~ 3 d齐苗。出苗前一般不浇水，出苗后基质现白时，选晴天下午喷洒浇水。苗期中午覆盖遮阳网降温，早、晚揭去遮阳网增强光照，移栽前炼苗1周。

2. 整地定植

施肥整地：定植耕翻前，每亩施腐熟有机肥2 000 ~ 2 500 kg和45%硫酸钾型三元复合肥40 kg。耕翻整地作畦，畦面宽2.4 m，畦沟宽20 cm，畦沟深25 cm。

移栽定植：一般在10月中下旬移栽，株行距均为30 cm。要求大小苗分开栽，栽植深度保持第一片真叶在地表以上，确保深不埋心。移栽时做到根正、苗直，边栽边用手压紧，使根与土壤紧密结合。栽后7 d查苗补缺。

3. 田间培管

肥水管理：采取前促后控相结合。移栽后及时浇水，促进缓苗。移栽活棵后结合灌水每亩施用尿素10 kg，浇水施肥以保持土壤湿润为宜，同时中耕除草、疏松表土，入冬后不再施肥。

病虫害防治：黑塌菜育苗期主要有蚜虫、黄曲条跳甲、小菜蛾、菜青虫和霜霉病等病虫害，应注意及时防治。移栽大田后，由于气温逐渐下降，则很少有病虫害发生。

4. 产品收获和速冻保鲜

（1）黑塌菜收获。黑塌菜没有严格采收期，但经过霜冻后，菜叶含糖量高、叶厚质嫩，且上市品质、商品性、商品菜率等方面均为最佳，因而适宜采收期为12月上旬。此时的黑塌菜，经过40～50 d的生长，直径35～55 cm，单株重达170 g左右。如果提早收获，则因生长期短而产量低。也可根据市场需求，延后采收至翌年2月抽薹前采收。以新鲜菜上市的，采收时用平泥带根铲，剥除下层老黄叶，层层平展放置以确保整株塌棵状，减少叶片损伤。以加工菜采收的，用平泥带根铲，剥除下层老黄叶，切除根茎，去除心叶。

（2）黑塌菜速冻保鲜。通过速冻加工，黑塌菜可延长保质期至24个月。用于速冻保鲜的黑塌菜，要求色泽鲜嫩、株型完整且未抽薹、无杂株。通过人工去根、去心，并剔除烂叶、老叶、黄叶、病叶及杂质后，按照"清洗→切段→漂烫→冷却→装模→速冻→装袋"等工序加工处理，随后将黑塌菜产品装箱后送入（−20±2）℃冷藏库储存。

5. 模式技术推介

【桑园套种黑塌菜模式】

利用桑园秋冬空闲季节，在桑园行间套种黑塌菜，不仅产量高，而且品质好。

桑园准备：10月中下旬秋蚕结束后摘除桑树脚叶，清除杂草，剪除下部弱枝，并带离桑园集中烧毁或堆沤，消灭其中的病虫。选用适宜药剂进行桑园"关门虫"防治，并做好桑园束枝。前茬清理后，每亩施农家肥料1 500～2 000 kg或商品有机肥400～600 kg和三元复合肥20～25 kg，翻耕20～25 cm，旋耕后开沟作畦，畦宽2 m。理好桑园沟系，做到沟沟相通、能灌能排。

套种规格：桑园的桑树等行栽植，行距165 cm、株距40 cm，套种行与墒沟隔年互换。桑园套种黑塌菜的行、株距均为30 cm，黑塌菜于10月中下旬定植，每亩种植5 000株。

八

黄芽菜

寿乡农家的“百搭菜”

以种植在如皋市白蒲镇及周边地区的黄芽菜最著名。白蒲镇有“华夏长寿第一镇”之称，土壤有机质含量较高，富含硒、锌、钼、硼等微量元素，所产黄芽菜，煮则汤如奶汁，炒则嫩脆鲜美，且耐贮藏，为冬令常备蔬菜。可以与荤、素食材任意搭配，百吃不厌。“白蒲黄芽菜”经核准注册为中国地理标志证明商标。

黄芽菜规模种植

整棵黄芽菜

切成段的黄芽菜

黄芽菜烧脱脂肉

黄芽菜煮羊肉

（一）基本概况

1. 起源与分布

黄芽菜系十字花科芸薹属一年生或二年生草本植物，原产于我国，是大白菜（结球白菜）的一种类型，因包裹在里面露出的菜芽颜色发黄而得名。

全国各地均有栽培。

2. 种植历史

大白菜在我国栽培历史悠久，品种资源丰富。

1954年，考古学者在陕西西安半坡村一处新石器时代的村落遗址中就发现过陶罐装的白菜籽，至今已有六七千年。北宋时期苏颁所著的《本草图经》记述："扬州一种菘，叶圆而大，啖之无渣，绝胜他土者，此所谓白菜。"可见，白菜在宋代以前被称为"菘"。李时珍在《本草纲目》中引用北宋训诂学著作《埤雅》中的一段话，解释了"菘"字的由来："菘性凌冬晚凋，四时常见，有松之操，故名菘。今谓之白菜，其色青白也。"古人认为耐寒的白菜有松树的操守而得名"菘"。

大白菜是在近500年内从白菜品种中基本定型的，到了明末清初大白菜的种植已较为普遍。关于黄芽菜来源，古文献也有记载。据清代同治十三年浙江《湖州府志》，认为黄芽菜的原种为南宋时期嘉兴所产的"蚵皮菘"，而"蚵皮菘"很可能是唐代优质白菜品种"牛肚菘"的直系后裔。明代正德年间的博物学家李诩所著《戒庵漫笔》记载"杭州俗呼黄矮菜（黄芽菜）为花交菜，谓近诸菜多变为异种"。认为黄芽菜是通过天然杂交发生变异而来。

朝鲜早在十七八世纪就开始引种大白菜。1875年，清政府清选了三棵心实肥壮的大白菜，送东京博览会展出，并在日本爱知县试种成功。第二次世界大战前后，东南亚各国相继引入大白菜种植。目前，大白菜在世界许多国家落户，成为世界性蔬菜。

3. 利用价值

大白菜产量高，富含营养，质地柔嫩，滋味鲜美适口，而且耐贮藏和运输，是冬淡季市场供应的主要蔬菜之一，被誉为"百菜之王"。

大白菜也可药用。传统医学认为白菜味甘、性平，无毒，入肺、胃、大肠经，有解热除烦、生津止渴、清肺消痰、通利肠胃等功效。可煮食或捣汁生饮，亦可捣敷外用，主治肺热咳嗽、便秘、消渴、食积、丹毒、漆疮等症。白菜籽也是一味传统药材，可治痰喘，清肺气，化痰。

（二）特征特性

1. 形态特征

直根系植物，根系分布浅，须根较发达。根系再生能力强，适合育苗移栽。

植物茎在营养生长期是短缩茎，但遇高温和过度密植也会伸长。花芽分化后，若遇温暖气候，则茎节伸长而抽薹，导致品质下降。

叶分莲座叶和花茎叶两种。莲座叶着生在短缩茎上，柔嫩多汁，是主要供食部分。外叶阔大，阔卵圆形。叶片边缘波状，淡绿色至深绿色，叶面平滑或皱褶。叶柄明显肥厚，柄色有白、绿白、浅绿或绿色，断面呈扁平、半圆或扁圆形。球叶向内抱合形成肥大的叶球，淡黄或白色，球形和抱合方式因品种而不同。花茎高约1 m，花茎下部的茎生叶倒卵圆形至椭圆形，叶基部呈耳状抱茎或半抱茎。

复总状花序，花冠黄色，花瓣4片，“十”字形排列，异花授粉，虫媒花。

果实为长角形，长而细瘦，内有种子10 ~ 20粒，成熟的角果易开裂。种子球形，红褐色或黄褐色，千粒重1.5 ~ 2.2 g。

2. 生长习性

半耐寒性植物，其良好生长要求温和、冷凉的气候。生长期间的适温在10 ~ 22 ℃，耐热性不强，当温度达到25 ℃以上时生长不良，达到30 ℃以上时则不能生长。5 ℃时种子开始发芽，生长前期适宜温度20 ℃左右，结球期适宜温度15 ~ 20 ℃。

全生育期需充足的光照，特别是莲座期和结球期。种植过密导致光照不足情况下，会造成叶片变黄，叶肉薄，叶片趋于直立生长，导致减产。

植株叶片多、面积大，而且叶面角质层薄，蒸腾量大，因此对水分需求量大。但各时期要求不同，苗期少，莲座期、结球前中期多，结球后期应控水，避免叶球开裂，便于贮藏。

对土壤要求比较严格，以土层深厚、疏松肥沃、富含有机质的壤土或黏壤土为宜。pH值以6.3～6.8为宜，酸性土壤栽培易发生根肿病，碱性土壤栽培易发生干烧病。

3. 品种类型

按叶球形态，可分为直筒型、卵圆型和平头型等品种类型。

按叶球抱合程度，可分为结球型、半结球型、花心型和散叶型等类型。

按季节时序，可分为春白菜、夏白菜和秋冬白菜等品种类型。

（三）区域特色

1. 农耕历史

在南通地区，以产于如皋白蒲镇及其周边的黄芽菜最为有名，故而得名“白蒲黄芽菜”。

白蒲是如皋的古镇，始建于东晋义熙七年（411年），因建镇初期四周沟渠沼泽长满蒲草，蒲草晒干后呈白色，而得名“白蒲”。白蒲镇河港交错、绿树成荫，土壤富含“硒、锌、硼”等微量元素，是闻名遐迩的长寿之乡，有着华夏长寿第一镇的美誉。

白蒲镇这个地方种植黄芽菜已有250年以上的历史。清乾隆《如皋县志》便有记载。这里所产的黄芽菜，白皮包心，顶叶对抱，包心坚实，黄化程度高，煮则汤若奶汁，炒则嫩脆鲜美，且耐贮藏，成为冬令常备蔬菜。1960年中央新闻电影制片厂拍摄纪录片《江苏处处春，英雄庆丰收》，白蒲黄芽菜的种植方法也被录入片中，随着电影在全国放映，让这里的黄芽菜更加闻名遐迩。其实，早在60多年前，白蒲黄芽菜就已经大量地销往外地。

与市面上普遍的大块头“大白菜”相比，黄芽菜的口感更加鲜嫩，因而显得名贵。汪曾祺先生曾这样描述：“我们那里（指高邮）过去不种白菜，偶有卖的，叫作‘黄芽菜’，是外地运去的，很名贵。”由于如皋与高邮相距不远，汪老所说的外地极有可能是白蒲。

2. 传统生产

产于如皋市白蒲镇及周边乡镇的黄芽菜，著名品种有“瓦盖头”，此外还有“六十日”“菊花心”“大包头”“小包头”等。

瓦盖头黄芽菜：株高35 cm左右，株幅45 cm左右，叶球高28 cm左右，横径17 cm左右。株型紧凑，白皮包心，顶叶对抱，包心紧实，黄化程度高。单株重2.5 ~ 3.0 kg。

生产上露地种植，通常采用育苗移栽方式。通常8月下旬至9月上旬播种，9月底移栽，12月上旬开始陆续采收。常见的接茬模式是冬春种植荷仁豆或刀豆等豆类，春季套种青玉米或是毛豆等，青玉米或毛豆收获后种植黄芽菜。

3. 产业发展

20世纪60年代，如皋白蒲地区的黄芽菜开始规模化种植，连年获得大丰收。各地采购员纷至沓来，南京蔬菜公司将其作为畅销蔬菜采购。国家为此奖售化肥等给白蒲菜农，调动了菜农的生产积极性。这一时期，黄芽菜栽培技术也随之传播到苏北、山东、安徽等地。

进入21世纪，如皋加大黄芽菜农产品品牌培育力度。推进农民合作组织、农业龙头企业、规模种植户等与品牌对接，延伸产业链，提高市场占有率。推动集约发展，把分散的农户集中起来、分散的作业统一起来、分散的经营联合起来，白蒲地区的不少农业新型经营主体和农户开始大面积成片种植黄芽菜，近几年种植面积逐步稳定在1.5万 ~ 2.0万亩，每亩产量6 ~ 8 t。

加强与高校及科研院所合作，建成黄芽菜研究和实训基地、黄芽菜现代化生产基地，每年提供商品菜上万吨，除供应如皋本地及邻县（市）外，还远销上海、安徽、浙江、湖南、福建等省（市）。其中，以独有瓦盖头黄芽菜而闻名的白蒲镇沈桥村，每年黄芽菜种植1 000亩以上，通过沈桥大白菜专业合作社、百勋银杏合作社等有计划地进行产品的种植与销售。

4. 名特产品

【白蒲黄芽菜】

2018年6月，白蒲黄芽菜经核准注册为中国地理标志证明商标。白蒲黄芽菜主产地在如皋白蒲镇周边。该区域雨水丰沛，土壤有机质含量较高，且富含人体所需的硒、锌、钼、硼等微量元素，十分适宜黄芽菜的生长。

白蒲黄芽菜俗称大包菜。其株型紧凑，叶片薄如纸，叶脉平整，叶柄只有一般大白菜叶柄的1/4左右。菜形瘦长，白皮包心，顶叶对抱，黄化程度高。白蒲黄芽菜营养丰富，煮则汤如奶汁，炒则嫩脆鲜美，且耐贮藏，为冬令常备蔬菜，与黄酒、茶干、鱼圆并称白蒲四大传统特色长寿美食。

（四）特色膳食

白蒲黄芽菜鲜嫩可口，煮则汤如奶汁，炒则嫩脆鲜美。

由于黄芽菜粉嫩，嚼起来又没渣，本味显又不抢味，所以可以调配成任何味道。家常的一般吃法是用它来炒年糕、炒肉丝、包春卷、煮粉丝、烧豆腐等。

黄芽菜炒肉丝，把黄芽菜的清嫩爽口与肉的脂香醇厚完美融合，清而不寡、油而不腻。具体做法：黄芽菜洗净沥干水分后切成短条，肉丝裹淀粉，加少许料酒、油、盐腌制；先炒肉丝，待半熟时放入黄芽菜一起翻炒，再加一小碗水煮熟，搁调料后即可。

黄芽菜、粉丝炖煮羊肉，用黄芽菜的清甜则化解油脂的腻、羊肉的膻，而粉丝饱吸浓稠的荤香和淡雅的菜香，无比鲜香。具体做法：将羊骨头（筒子骨）一起投入大锅里熬汤；再将切成片的新鲜羊肉与清洗干净的羊杂一起投入汤锅中炖煮；当滚烫雪白的羊汤沸腾时，撒上葱花，随后加入白菜、粉丝一起炖煮即可。也常有红烧羊肉里放些黄芽菜同烧，黄芽菜得了肥气会更加好吃。

南通名菜“海鲜一棵菘”，就是用黄芽菜配上干贝、蟹粉加海鲜汤入砂锅里炖至酥烂。成菜集海味鲜、蟹黄鲜、芽菜鲜于一体。菜形完整、酥烂、入口即化。

黄芽菜烧脱脂肉，兼具黄芽菜的脆嫩与脱脂肉的香嫩，成为如皋的一道地方特色菜肴。脱脂肉就是把猪肉炼出了油之后的油渣，如皋脱脂肉脆而不柴、香酥脆嫩、咸鲜香浓，有压缩成饼状抽真空的，也有保持片状的五花肉香酥片，既能当休闲食品直接吃，也可用来做菜，是如皋的地方特产。尤其冬季，大白菜烧脱脂肉就是当地饭店家常都少不了的一道菜。具体做法：脱脂肉用水泡软；锅上火，倒入大豆油，将姜丝、葱丝、干辣椒放入锅中油爆；脱脂肉倒入煸香，烹料酒，加生抽或盐，加一点开水，大火烧开转小火炖煮；另起一锅，加入黄芽菜煸炒至塌秧，和入脱脂肉，一起继续炖煮至黄芽菜转透明，加入味精及蒜叶即可。

（五）种植管理

如皋白蒲等地的黄芽菜，采用露地栽培，需要选择前茬未种植十字花科类作物，排灌方便，土壤疏松、肥沃的田块种植。生产上大多育苗移栽种植，苗床面积与大田面积为1∶15，通常8月中下旬播种育苗、9月中下旬移栽定植，12月至翌年1月收获，生长期110 d左右。

1. 播种育苗

整地作畦：选择土壤疏松、保水保肥能力强、排灌方便、前茬未种过十字花科的田块作苗床。每亩撒施腐熟粪肥3 500 ~ 4 000 kg，然后耕翻整地，达到“松、细、平”。将苗床整成畦宽1.5 m左右的高畦。

适期播种：选用新鲜、饱满的种子，8月下旬播种。播种前，苗床先补足底水或腐熟稀粪水。每亩苗床播种量0.75 ~ 1.00 kg，播后盖土厚度0.5 ~ 1.0 cm，轻压畦面或覆盖遮阳网。

苗床管理：播种后，根据天气和土壤墒情，及时浇水。出苗前保持土壤湿润。一般播后2 ~ 3 d即可出苗，齐苗后视墒情再补水，促使发芽整齐。幼苗1 ~ 2片真叶时进行第一次间苗，3 ~ 4片真叶时进行第二次间苗，苗与苗的间距6 ~ 10 cm。间苗时，及时拔除苗床的杂草。每次间苗后，浇施腐熟的薄粪水，促进菜苗生长。注意蚜虫等虫害防治。

2. 整地定植

施肥整地：每亩施用腐熟有机肥3 000 kg、复合肥30 kg作基肥。施肥后耕翻整地、作畦，通常畦宽1.2 ~ 1.5 m，畦沟宽30 cm、畦沟深25 cm。做到田间沟系配套。

移栽定植：黄芽菜定植以苗龄25 d左右、秧苗5 ~ 6片真叶为宜，要选择长势健壮、苗体大小相对一致的进行移栽。移栽前一天，苗床要浇透水，使水分下渗深度达到10 cm，便于起苗和带土移栽。移栽宜选择在下午4时以后或是阴天进行，通常行距60 cm、株距45 ~ 50 cm，每亩定植2 200 ~ 2 500株。黄芽菜定植不宜太深，以子叶贴近畦面为度，要求边栽边浇“定根水”。定植3 ~ 4 d后，及时查苗补苗。

3. 田间培管

肥水管理：在施足基肥的基础上，移栽活棵后在株边浇施0.3%尿素水液2次，以保持土壤湿润；莲座初期每亩施尿素15 kg左右，结合灌水，保证莲座叶迅速而健壮生长；结球始期每亩施尿素15 ~ 20 kg、复合肥15 kg，以满足结球期的养分、水分供给。叶球生长坚实后，停止灌水，防止因水分过多导致叶球开裂、腐烂。

中耕除草：中耕除草大多与施肥结合进行。植株封行前，浇施肥水后要注意疏松表土，除草保墒。

病虫害防治：大白菜的主要病虫害有病毒病、软腐病、蚜虫、菜青虫等，注意及时防控。

4. 产品收获

黄芽菜于12月上旬开始，根据市场需要分批采收上市。冬季最适宜贮藏温度为0 ~ 2 ℃。霜冻之前，注意及时捆扎或进行遮盖。

5. 模式技术推介

【荷仁豆/鲜食玉米–黄芽菜】

冬春种植荷仁豆等豆类作物，春季套种青玉米，青玉米收获后种植黄芽菜。荷兰豆于11月初播种，播种前施肥整地后按南北向作畦，畦宽2.4 m，每畦设两个组合，每组合宽1.2 m，播种两行，小行距40 cm，穴距30 cm，每穴播种3粒，翌年6月初让茬。青玉米于4月上旬至5月中旬，分批播种在荷仁豆行间，每畦播种4行，每亩密度4 500株左右，7月中旬至8月采收。玉米采收后，进行清茬、施肥、整地。大白菜于8月中下旬育苗，9月中旬移栽，12月上旬采收。

九

黄花苜蓿

春天里的时鲜“野菜”

南通地区广泛分布，多呈半野生状态，习惯上称“草头”“秧草”或“黄花儿”。大田种植多集中在海门、启东等地。以幼苗、嫩茎叶供食用。可素炒、焯熟后凉拌，或作肉、鱼配菜，也可入汤或与面成饼，还可腌制或焯熟晒干。沙地人尤其喜食“草头干”，用水泡发后可蒸、炒、煮汤。

黄花苜蓿大棚种植

黄花苜蓿的鲜嫩茎叶

腌黄花菜（草头盐齑）

秧草河豚

酒香草头

草头饼

（一）基本概况

1. 起源与分布

黄花苜蓿系豆科苜蓿属草本植物，因花黄色而得名，并与紫色花的紫花苜蓿相区别。黄花苜蓿原产于印度。别名南苜蓿、菜苜蓿，也有称其“金花菜”“黄花儿”，我国南方地区常将其嫩芽称为“草头”“秧草”，是春季常见野菜之一。

黄花苜蓿在全国广泛分布，常呈半野生状态。长江下游的江苏、浙江及上海等地区是栽培较多的地区。

2. 种植历史

黄花苜蓿在汉代从南亚的克什米尔地区沿丝绸之路的南道传入中国。明李时珍《本草纲目》的“苜蓿”条目中有“入夏及秋，开细黄花。”其所指的应是黄花苜蓿。清吴其浚著《植物名实图考》中对黄花苜蓿作了详细的描述。记述“野苜蓿俱如家苜蓿而叶尖瘦，花黄三瓣，干则紫黑，唯拖秧铺地，不能直立，移种亦然。”由此可见，黄花苜蓿是经历了多年的人工驯化栽培才逐渐成为栽培蔬菜的。

黄花苜蓿的药用及保健功能，古代就已有所认识，明代李时珍所著《本草纲目》就有这样的记载：“苜蓿，安中利人，可久食，利五脏，轻身健人，洗去脾间邪热气，通小肠诸恶热毒，煮和酱食，亦可作羹。利大小肠。干食益人。”现代中医认为，黄花苜蓿味甘，性平，有健脾和胃、化石利水、清热解毒等功效。

3. 利用价值

黄花苜蓿是优质蔬菜，其嫩尖苗叶有关营养指标都高于一般蔬菜的含量，其中蛋白质含量是番茄的7倍、B族维生素含量是番茄的18倍、胡萝卜素含量是番茄的10倍。

黄花苜蓿还是优质饲料，其茎叶粗蛋白质含量达到20%左右，动物必需的氨基酸含量高，具有良好的适口性好，各种家畜均喜食。幼嫩的黄花苜蓿可用作畜、禽良好的蛋白质、维生素补充饲料。黄花苜蓿与禾本科牧草、玉米混合青贮，饲用效果也很好。

黄花苜蓿鲜草养分全面，能固定空气中氮素，植株翻埋还田后在土壤微生物作用下，可合成一定数量的腐殖质，可用作绿肥还田，培肥地力。

（二）特征特性

1. 形态特征

黄花苜蓿为浅根系。植株匍匐生长，高8～12 cm，开展度10～12 cm，基部分枝，分枝性强。

三出复叶，托叶大，小叶倒卵形或近倒三角形状，先端渐尖，基部耳状，边缘具不整齐条裂，成丝状细条或深齿状缺刻，脉纹明显；叶柄柔软，细长，上面具浅沟；叶片上面无毛，下面被疏柔毛，无斑纹。

花序头状伞形，总花梗腋生，纤细无毛；苞片甚小，尾尖；花冠黄色，旗瓣倒卵形，先端凹缺，比翼瓣和龙骨瓣长，翼瓣长圆形，龙骨瓣比翼瓣稍短。

荚果螺旋形，有毛状突起的刺，暗绿褐色，成熟时变黑，顺时针方向紧旋，有种子3～5粒；种子长肾形，黄棕色或紫棕色，平滑。花期3—5月，果期5—6月。

2. 生长习性

黄花苜蓿喜冷凉气候，耐寒性较强，可露地越冬，生长适温12～17 ℃，温度过高或过低植株生长缓慢，在-5 ℃的短期低温下，叶片会受冻发黄，待气温回升后，再萌芽生长。黄花苜蓿对土壤的适应性较强，较耐酸性土壤，但以土层深厚，富含有机质、保水、保肥肥力的黏土或冲积土最好，适宜中性土壤。

3. 品种类型

生产上广泛种植的黄花苜蓿，仍以地方品种居多。这些地方品种是各地长期栽培过程中形成的。在长江流域，大体上有大叶型和小叶型两大类型。

大叶类型：叶片较大，叶色稍浅，茎较粗长，荚果果盘较大，盘数略多，荚硬刺尖，生长较直立，适宜于晚播，如浙江顾山、温岭等地方品种。

小叶类型：叶片略小，叶色较深，分枝力强，茎枝较短，生长较匍匐，荚盘略小，耐旱和耐寒性较强，如南京等地方品种。

（三）区域特色

1. 农耕历史

黄花苜蓿在南通地区有着悠久种植历史，海门等地种植历史就达到200多年。黄花苜蓿好种易活，对环境要求不高，就是不种，它留在田头路旁，沟边河堤的根，或者无意撒下的种子，一到春天，就会蓬勃生长，呈现出翠生生、绿油油的勃勃生机。

在这里，最早是作为野菜食用，也普遍用作绿肥的。南通人在初春时节爱吃一种叫“黄花儿”的春菜。“黄花儿”其实就是苜蓿头，墙角地头多见，也即秧花、草头，早春的野菜中，苜蓿头最鲜嫩。因为开着黄色的小花，南通地区的人一般称为“黄花儿”。

黄花苜蓿有很强的生命力，耐碱性好，盐碱地上能够生长，耐寒性也较好，能够一年四季生长，因而在南通的盐碱地改良方面也发挥了重要作用。启东等地原先大大小小的沙洲连接成陆后，历经了开沟洗碱、种植绿草，把盐碱地改造成良田的艰辛过程。开沟洗碱就是把沟里的泥，挖到地上，地垫高了，下雨时地里的碱溶解到水里流到沟里，流走了。久而久之，土壤中的碱分渐渐减少了。种植绿草，也是改造盐碱地的重要一步。当时种植的绿草就是黄花苜蓿。

2. 传统生产

黄花苜蓿在培肥改土、肥菜两用等方面发挥着独特作用。传统生产上，常用在棉花田套种、蚕豆田间作以及与桑园、果园等套作。

过去南通的棉花面积较大，黄花苜蓿大多是套种在棉花地里的。9月底、10月初，洁白的棉花即将采摘完时，在棉花地里松土，把泥捣细后，就把圆形的扁扁的如小纽扣似的毛茸茸的黄花苜蓿草籽撒在地里，经过1～2次秋雨的淋洒，入土的草籽就能很快萌芽长出新叶，密密麻麻，细细的特别娇嫩。10月下旬后，它们就会蓬蓬勃勃地长出茂密的叶子。等到翌年开春后，就可以割取黄花苜蓿的茎叶用作蔬菜食用。此时正值气温升高，植株生长明显加快，待再长大一些，就可翻入土中埋青用作绿肥。

启东、海门等地，早在中华人民共和国成立前就有棉花田套种黄花苜蓿、再间作元麦的做法。即9月在前作棉花地上套种黄花苜蓿，10月底再套元麦，过冬时就成了麦子和绿肥间作。通常是每隔两行麦子（麦幅各0.26 m）中间有1个宽行，宽行行距0.8 ~ 1.0 m，在其间种植黄花苜蓿。翌年3月底4月初翻掉一部分绿肥，种上2行玉米，剩下另一部分绿肥到5月底作玉米埋青的追肥用。这种做法一直延续到20世纪60年代。

3. 产业发展

黄花苜蓿具有菜用、肥用、饲用等多功能。近年来多用作鲜嫩蔬菜生产，通过大棚覆盖管理，既保证了菜品质量，又延长了市场供应期，产业化前景广阔。

海门港新区的东旭专业合作社使用设施大棚种植黄花苜蓿，应用夏秋避雨、遮光降温、冬春保温等技术实现周年生产，应用全程机械化生产技术，降低了劳动强度，提高了劳动效率，平均亩效益超万元，辐射带动包场镇黄花苜蓿规模化种植。

海门区包场镇2020年黄花苜蓿播种面积1.05万亩，全镇年产量超2.6万t，年产值1.5亿元。以海门东旭蔬菜专业合作社为龙头，结合江苏省绿色蔬菜产业基地创建活动，开展统一品种、统一生产标准、统一病虫害防治、统一包装、统一品牌“五统一”服务，采收后进行产品检测和分等分级，由合作社统一在无锡、江阴等地区设立配送中心，以品牌进行销售，配送至商超、饭店等，减少销售环节，增加生产效益。同时建立了农产品质量追溯制度，实现了产品质量可追溯。2020年黄花苜蓿产品获得绿色食品认证，并通过绿色蔬菜产业评价，2021年获评“江苏味美菜园”和“江苏省绿色蔬菜产业特色镇”称号。

（四）特色膳食

黄花苜蓿食用幼苗、嫩茎叶。可以素炒、焯熟后凉拌、用作肉鱼配菜、入汤或与面成饼，还可以腌制食用或是焯熟后晒干后将其做汤、入馅等。

采摘嫩茎叶素炒，最为经典的名菜要算是“酒香草头”，早春的草头很是鲜嫩。制作方法：将黄花苜蓿的嫩茎叶（草头）洗净，控干水分，放入盆中；锅中放入适量油，大火烧热，将草头倒入锅中，撒上适量的盐、糖、生抽调味，迅速翻炒20 s左右；翻炒后，加入少量热开水和白酒；翻炒几下即可出锅，最后淋上热油即可。

启东、海门等地，还有用嫩茎叶做饼食用的传统，做法多种多样。先将新鲜的草头挑拣干净。锅中烧开水，放一点点盐，把草头放入沸水中焯一下，取出后用冷水冲一下，挤干水分并切碎放入碗中，撒上适量盐和味精拌匀，制成草头馅料。可以将馅料直接加入开水，和成干湿相当的面团，分成小份，压成饼状，用油煎至两面金黄后食用。也有将糯米粉用温水和成团，盖上湿布后等10 min左右，将糯米分成40 g左右的小团，包入草头馅料后拍扁，放入油锅煎至两面金黄后食用。

黄花苜蓿的嫩茎叶洗净、焯水、挤干后切末，与猪肉混合做成肉馅，用来包馄饨，也是当地较为常见的食用方法。

黄花苜蓿用作配菜的，常用来配红烧肉、大肠，也有就地取材配江鲜、河鲜的，而最经典的就数烧河豚，菜名叫“草头河豚”或称“秧草河豚”。相传草头能解河豚的毒，虽然只是心理安慰，但吃起来总是这样搭配。众人所知，河豚有毒，而至险之外，河豚美味更让世人垂涎神往。民间素有“不食河豚鱼，焉知鱼味，食得河豚鱼，百鱼皆无味”。在南通，河豚最常见的吃法有“红烧”和“白汤”，草头可谓是河豚红烧的绝佳伴侣，红烧河豚的丰腴醇美，加上草头的鲜嫩清香，一荤一素，浑然天成，相得益彰。红烧河豚，浓汤里裹挟着草头，草头只是配菜，却比河豚更好吃。

各种鱼虾贝类都可以用草头来烧，尤其是草头咸肉河蚌汤，一锅汤熬得鲜浓似乳，再由青涩涩的草头压阵，咸鲜中不乏春天的轻灵味道，吃起来与腌笃鲜有异曲同工之妙。

鲜嫩的茎叶用来炒饭，味道鲜香，富含营养。炒制方法：草头洗净，用加了盐的开水焯一下，沥干水后切碎备用；锅内热油，倒入打匀的鸡蛋，再放入草头碎，翻炒均匀；大米淘洗干净，煮熟；将煮熟的大米倒入锅中，调入少许盐，翻炒均匀即可。若用嫩茎叶、咸肉丁和大米混合，做成草头咸肉饭，草头的清香与咸肉的咸香交融混合，称得上是菜饭中的一绝。

把黄花苜蓿的茎叶晒干，当地人称为“草头干”，也是启东、海门等地沙地人餐桌、宴席上的宠儿。草头干泡发后可蒸、炒、煮汤，也可剁碎后拌成各种馅料，味道鲜香醇厚。草头干红烧肉、草头干豆瓣肉丝汤、草头干鸡蛋汤和草头干肉馅馄饨等农家菜，都是当地人的最爱。

把黄花苜蓿腌制咸菜，在南通各地都很常见，启东、海门等地称为“草头盐齑”，如皋等地叫作“腌黄花菜”。将晾晒到半干半湿的黄花苜蓿茎叶一层一层地铺到坛里，每铺一层加上盐后用木槌压实，如此一层层地反复，直至接近坛口，再将坛严实封住，然后再倒扣在地；约两个月后就可开坛食用。开坛时没有一点腌菜汁，颜色呈土黄色，有一种特别的清香，咸淡适中，略带酸味，可生食，也可熟食。

（五）种植管理

黄花苜蓿用于露地种植，鲜嫩茎叶的采收期较短，而且相对集中。而利用大棚覆盖种植，能显著延长采收期，而且产量高、品质优，有效地满足市场多季节供给。近年来，黄花苜蓿大棚种植的规模越来越大。大棚种植时，应选择地势高、土壤肥沃、排灌方便的集中连片田地块，选用品质好、产量高、抗逆性强的黄花苜蓿品种，通常用带壳的螺旋状荚果作繁殖用种。黄花苜蓿大棚种植分为春季种植和秋季种植，以秋季种植为多。

1. 整地播种

田地准备：黄花苜蓿大棚种植，在播前10～15 d，大棚地块每亩施腐熟有机肥1 000～1 500 kg、硫酸钾型复合肥（15-15-15）35 kg，然后翻耕土壤，旋耕深度15～25 cm并整平，土块颗粒直径≤2 cm。播种前3～5 d作畦，畦面宽1.5 m，沟宽0.25 m，沟深0.2 m，畦面要平。开挖好棚间沟、棚头沟，棚头沟要与水渠连通，做到沟渠配套、排灌通畅。

精细播种：播种前利用晴好天气晒种1～2 d。利用风扇配合大眼漏筛风力筛选，去除泥块、瘪粒等杂质。播种时按田定量，分畦匀播，人工均匀落种。根据具体播期确定播种量，一般播种时，气温较高，土壤干旱，出苗率低，亩播种量要多一些。如果是在8月中旬至9月中旬播种的，每亩用种量50～60 kg；若推迟到9月下旬后播种的，每亩用种量30～40 kg。播种前用适宜的药剂浸种，然后撒播于土表，用小钉耙覆土均匀盖籽，然后用微喷灌的方式浇一次透水。

2. 田间培管

肥水管理：播种后视墒情灌跑马水或喷灌，控制土壤含水量60%～70%。黄花苜蓿每割收两批后，间隔1～2 d进行追肥，每次每亩用45%硫酸钾型三元复合肥10 kg、磷酸二铵5 kg均匀撒施，若土壤较干燥，撒施肥料后可适当用喷滴灌方式补水。进入冬季，大棚基本封闭，应谨慎使用尿素，防止烧苗黄叶。遇到多雨天气，应及时排水，做到田间不积水，雨停田干，切忌田面漫水。

温度管理：棚内温度白天维持在20～30 ℃。秋季夜晚温度降至10 ℃以下时，覆盖薄膜。春季夜晚温度稳定在15 ℃以上时，揭膜通风。晴好天气时，根据棚内温度和湿度适当通风换气。超过30 ℃要及时通风降温，通风换气时间阴天要短、晴天长。

病虫草害防控：黄花苜蓿虫害主要有地下害虫蛴螬、蝼蛄和茎叶害虫蚜虫，病害主要有猝倒病、立枯病、菌核病等，注意及时防控。播种结束后3 d内选用适宜除草剂土壤表面喷雾封闭除草。整个生长期内阔叶杂草均由人工拔除。禾本科杂草，可用适宜除草剂叶面喷雾防除。采收前15 d禁止使用农药。

3. 产品收获

黄花苜蓿在齐苗后15 d左右，可以进行第1次收割。随后，每间隔8～15 d就可以采收1次。采收时，可使用轻型便捷化的高效收割机，要尽量割低割平，留茬高度约10 cm。

4. 模式技术推介

【黄花苜蓿大棚周年复种模式】

黄花苜蓿-青梗菜（小青菜）大棚周年种植：该模式采用大棚设施栽培，进行“两熟黄花苜蓿三熟青梗菜”两种叶菜周年轮换生产。黄花苜蓿于7月底播种，8月下旬收获，每隔1周收割1次；11月中旬播种，12月中旬收获，每隔12 d左右收割1次，2月底收获结束。青梗菜于3月上旬播种，4月中旬开始收获；4月下旬播种，5月上旬收获；5月中旬播种，6月中旬收获。

黄花苜蓿-苋菜大棚周年种植：该模式采用大棚设施栽培，进行“一熟黄花苜蓿六熟苋菜”两种叶菜周年轮换生产。黄花苜蓿于8月中旬播种，从9月到翌年3月可采收10～12茬。3月中下旬，黄花苜蓿市场需求减少，价格较低，此时将其作为绿肥旋耕还田。3月底种植苋菜，播种一次，采收一批，一般株高达到15～20 cm，春季播种45 d后，夏季播种25 d后即可采收上市，至8月苋菜可播种、采收6批次。

十

元　麦

江海平原上的“珍宝”

与小麦、大麦并称为“三麦”，曾经是南通地区重要的夏粮和乡民们的主要食粮。元麦籽粒富含膳食纤维和β-葡聚糖等物质，有利于降低“三高”、控制肥胖和缓解便秘等。元麦“吃青”制成的“冷蒸”（启海地区叫“麦蚕”），旧时民间青黄不接的应急之物，如今已成为春季时令小吃，被列为“江海之约||南通十二道春味”之一。元麦传统食法上，还有“焦屑”和“糁儿粥”“粯子粥”等。

元麦规模化种植

元麦籽粒

元麦加工的“冷蒸”（麦蚕）

元麦糁儿粥（粯子粥）

韭菜焕冷蒸

元麦焦屑

（一）基本概况

1. 起源与分布

元麦系禾本科大麦属一年生或越年生草本植物，因其内外颖壳分离，籽粒裸露，又称裸大麦。元麦起源于西亚“新月沃地”，别名裸麦、米麦等。青藏高原等藏区称为“青稞”，是藏族人群赖以生存的重要作物。

在我国，主要集中在青藏高原高寒区，包括西藏、青海、四川省甘孜和阿坝藏族羌族自治州、甘肃省甘南藏族自治州以及云南、贵州的部分地区。长江下游的沿江沿海地区曾经是我国的重要种植区域，该区域元麦与小麦、大麦并称为“三麦”。

2. 种植历史

大约4 000年前，元麦从西亚传播到青藏高原东北部低海拔地区，或是在距今4 500年前到3 500年前，通过巴基斯坦北部、印度和尼泊尔进入西藏南部。元麦在青藏高原作为主粮种植已经有3 500年历史。《旧唐书》有“其地气候大寒，不出秔稻，有青稞麦、小麦、荞麦”的记载；《隋书·附国传》中则记载：“其土高，气候凉，多风少雨，土宜小麦青稞”；走进西藏博物馆，可以看到昌果沟遗址发掘出的古青稞种子碳化粒。

江苏、上海等地在晋元帝大兴年间已有元麦种植。当时《晋书》卷26，记太兴元年（318年）诏称“徐、扬二州，土宜三麦，可督令叹地，投秋下种，至夏而熟，继新故之交，于以周济，所益甚大……其后频年麦虽有旱蝗，而为益犹多”。东晋徐、扬二州，虽包括长江以南的不少地方，但首要是江淮平原，官府大力提倡在这一地区推广种麦。唐代江南地区，麦子只在旱地种植，到了宋代发展了稻麦两熟，并出现了“三麦”，且各有早、中、晚熟品种。

对于元麦的药用功能，古人早有认识。据《本草拾遗》记载：青稞，下气宽中、壮精益力、除湿发汗、补脾养胃、益气止泻。藏医典籍《晶珠本草》将其作为一种重要药物，言其有“解热消气，疗胃增食”之功效，用于治疗多种疾病。

3. 利用价值

元麦具有突出的营养保健功能，不但营养丰富，而且非常符合“三高两低”（高蛋白、高可溶性膳食纤维、高维生素和低脂肪、低糖）的健康饮食结构。特别是元麦中含有的β-葡聚糖、多酚类物质、黄酮类物质和麦绿素等对人体有益的功效成分，具有比较明显的降胆固醇、降血糖、降血脂、抗氧化及对胃肠道的调节等功能，具有良好的开发前景。

（二）特征特性

1. 形态特征

元麦的根系属须根系，由初生根和次生根组成。初生根一般5～7条。次生根发生在分蘖节上，幼苗开始分蘖以后，在分蘖节部位产生次生根。次生根入土较浅，多向水平方向发展，主要分布在10～30 cm耕作层。

茎直立，植株高60～120 cm。茎包括主茎和分蘖茎。它们均由节和节间组成。茎节分为地上茎节和地下茎节，地下茎节一般有7～10个不伸长的节间，密集在一起，形成分蘖节。地上茎节通常有5～7个明显伸长的节间，形成茎秆。

叶片扁平，长9～20 cm，宽6～20 mm。叶鞘松弛抱茎，多无毛或基部具柔毛；两侧有较大的两披针形叶耳；叶舌膜质，长1～2 mm。

穗状花序，长3～8 cm（芒除外），由穗轴和小穗两个部分组成。穗轴，通常由15～30节片相连而成，每个节上着生3个小穗。小穗稠密、均无柄，颖线状披针形，外被短柔毛，先端常延伸为8～14 mm的芒；外稃具5脉，先端延伸成芒，芒长8～15 cm，边棱具细刺，内稃与外稃等长。颖果腹面有纵沟或内陷，先端有短柔毛，成熟时与外稃分离。花期3—4月，果期4—5月。

2. 生长习性

元麦比较耐寒，不同生育期有着相应的温度要求。在3～4 ℃时即可发芽，最适宜的发芽温度是20 ℃左右。最适宜分蘖的温度为11～15 ℃，低于3 ℃或高于18 ℃分蘖均受到抑制。春季当温度升至10 ℃以上时，节间开始伸长。适宜开花受精的温度为18～20 ℃，最低温度为9～11 ℃。适宜麦粒灌浆的温度为20～22 ℃，超过26 ℃时籽粒灌浆加快，容易引起青枯早熟，而低于12 ℃时光合强度减弱，进而影响产量。

元麦是长日照作物，需要充足光照才能正常生长。在光照不足的情况下，会导致分蘖发生少、植株长势弱、穗粒数减少等问题。

元麦需水量较多，在整个生长期内都需要充足的水分。水分不足会严重影响植株的生长发育，导致植株矮小、粒数减少、产量下降。当土壤水分为田间持水量的70%时，种子发芽最快，低于50%时发芽困难。最适宜分蘖的土壤持水量为60%～70%，过多或不足都不利分蘖发生。

元麦对土壤的要求不太严格。优质高产栽培时，要求土层深厚、有机质丰富，土壤肥沃、排水良好的地块。

3. 品种类型

根据温光反应特性，可将元麦分为春性、半冬性和冬性等品种类型。

根据籽实颜色，可将元麦分为黄色、棕色、白色、蓝色、黑色和紫色等品种类型。

根据侧小穗育性等特性，可将元麦分为六棱、四棱和二棱等品种类型。①六棱元麦。每一穗轴节片上的3个小穗等距离着生，穗的横切面呈六角形。②四棱元麦。每一穗轴节片上的中间小穗贴近穗轴、上下两节的侧小穗彼此靠近，穗的横断面呈四角形。③二棱元麦。每一穗轴节片上仅中间小穗结实，侧小穗发育不完全，均不结实，穗形扁平。

（三）区域特色

1. 农耕历史

南通地区种植元麦的历史极其悠久，种植区域覆盖南通所有的县（市区）。随着这里不断成陆、人口相继迁入，元麦也陆续地来到这里，代代繁衍，生生不息。

由于元麦作物的种植，这里便有了“三麦”（指小麦、大麦、元麦）的特定称谓。据江苏地方志（农业卷）记述，历史上最高年份，沿江及高沙土麦作区元麦面积达500余万亩，直至20世纪80年代末仍种植140多万亩。在南通，元麦曾经是这里重要夏粮作物，也是人们的主要食粮。

1949—1958年，南通地区的元麦面积超过300万亩，占三麦种植面积的46.85%～53.80%，其中1956年，全市347.11万亩元麦（占三麦种植面积的

51.49%），是元麦种植面积历史最高年。

1959—1975年的16年间，除1959年和1966年两个年份外，其余元麦面积均超过200万亩，占三麦种植面积的44.74%～60.35%。其间的1972—1975年，元麦面积稳定在220万亩左右，而小麦面积仅70多万亩，元麦占三麦种植面积60%左右。

自1976年起，这里的元麦种植面积少于200万亩，并逐年渐渐降低，但是直至1984年元麦面积仍在100万亩以上。元麦占三麦种植面积的比例，也由1976年50%减少到1984年30%左右。

自1985年起，元麦种植呈现出急剧下降，从1985年种植面积90多万亩下降到1990年前后的40多万亩。随后，专用小麦、双低油菜等夏熟作物面积增加，多种因素的综合影响，导致元麦面积进一步减少。

2. 传统生产

这里的元麦为冬元麦类型，秋种夏收，越冬生长。而与小麦相比，不仅耐迟播，而且成熟早，从而形成了适应人多地少、满足粮棉产量协同提高的多熟种植、间套复种特色农耕系统，达到了精耕细作的最高境界。

南通的种植历史上，元麦主要用来作为棉花前茬或是玉米前茬，并与棉花、玉米等作物套种的。秋播时，播种元麦时预留着翌年种植棉花（玉米）的空幅，空幅内可种植一些冬春蔬菜或是绿肥，翌年4月上中旬在元麦空幅内栽种棉花（玉米）。由于元麦成熟早，元麦与棉花（玉米）的共生期就短，有利于棉花（玉米）早发、高产，这样既解决增加复种指数、提高耕地产出的难题，又能满足人们的食物需求。

元麦生产上，20世纪60年代前以六棱型品种为主，由于不抗倒伏，且易遭受赤霉病为害，逐步推广应用二棱型品种。但自20世纪80年代初开始，该地区由于赤霉病（主要指六棱型品种）、黄花叶病（浙114等二棱型品种）的严重感染，元麦的早熟性也不够突出（与皮大麦相比较），单产水平一直徘徊不前，影响夏粮总产提高。

江苏沿江地区农业科学研究所长期从事元麦科技创新研究。早在1981年，“元麦栽培学特性观察与高产栽培技术的研究”科技成果获得江苏省人民政府表彰。在品种选育方面，20世纪70年代前后至80年代相继育成“通麦2号”“通麦3号”“通麦4号”“早芒2号”和“通麦6号”等40多个元麦品种（品系），其中抗黄花叶病品种“通麦6号”成为20世纪90年代江苏元麦主栽品种。随后，还育成了“通麦8号”品种，“苏裸麦1号”“苏裸麦2号”相继通过江苏省品种定名。

3. 产业发展

随着高血糖、高血压、高血脂等“三高”人群持续增加，以及元麦营养保健功能不断被人们认知，元麦产业发展前景极其广阔。一是加强多元化元麦产品研发，以有效满足人们对膳食纤维餐食的迫切需求；二是发挥元麦生育短、肥药用量少等优势，开展稻田、旱粮田丰产高效模式开发与应用，推进元麦与优质稻米产业、元麦与菜油经饲等产业融合协调发展；三是发掘元麦保健功能与南通“长寿”元素、元麦传统食物与江海农耕特色的结合点，打造富有区域特色的南通元麦全产业链，助力乡村产业发展。

（四）特色膳食

元麦曾是南通及其周边地区的主要粮食，食用方法多种多样。最常见的是将元麦籽粒直接磨制成元麦粉用来煮粥做饭的，还有将元麦炒熟磨成粉用来速食的，或是将青嫩籽粒炒熟磨制后食用的。

把元麦籽粒碾碎过筛后，有元麦粗粉和细粉之分。南通的一些地方把它叫作“粯子”，粗粉叫作“粗粯子”、细粉叫作“细粯子”。而如皋北部地区、海安和如东等地，则把过筛后没能落下相对粗一点的碎粒（粗元麦粉）叫作“元麦粯子”，多用来掺着米做饭；而把过筛后落下的细元麦粉叫作“元麦糁儿”，多用来煮粥。如皋人喜食杂粮粥，民间流传有这样的谚语“糁儿粥，米打底，一喝喝到九十几”。在这里，元麦最常见的食用方法就是用来煮粥。传统煮元麦粥，要烧大锅膛、草锅灶，最好是用铁锅。刚开始煮时需要撒少许碱末（碳酸氢钠），煮好的粥呈枣红色，粥面还会结出一层薄薄的粥膜，散发出大米的清香和糁儿的麦香，粥质黏糊、可口。元麦粥一定要做得稀薄，要烧开煮沸且要煮久一点，让它腾起来，这样粥才会好喝。乡村流传着元麦煮粥的精彩顺口溜：“拔草像马跑，烧灶如烧窑，铜勺像摇橹，锅里像落潮……”

元麦细粉也常用来摊面饼、蒸馒头、做面疙瘩等。现今，多将元麦直接压成麦片，与大米随意混配，既可煮粥又能做饭，十分方便。江苏沿江地区农业科学研究所与如皋市恒孚稻米合作社联合开发的“梓韵牌元麦”全谷麦片，获得第十八届江苏名特优农产品（上海）交易会（2020年12月）创新产品奖。

将元麦炒熟磨成粉叫“焦屑”，元麦“焦屑”黏性小，焦香浓、口感好。“焦屑”磨好后，装进密封好的釉坛里，盖好盖子，用一块塑料纸封好口，防止吸入潮气和走失香味。现今石磨已多不使用，磨粉环节由机器代替。如皋等地，炒“焦屑”曾一度成为一种习俗，每年六月六这一天，几乎家家动锅炒焦屑，民间有句谚语：“六月六，吃焦屑，吃口焦屑长块肉”。“焦屑”的吃法很特别，最传统的是“干吃”。先舀一勺焦屑倒进碗里，然后向碗里加少些开水，半湿略干为最佳，根据个人喜好还可放点糖，用筷子稍搅拌，搅成粗粒状后，再用筷子把少许焦屑粒子拨到碗沿边，使劲挤压成一块块条状小饼，最后送进嘴里咀嚼，挤压一块吃一块。喜吃咸的，可在焦屑里拌入咸菜，滴些麻油。从省事、方便考虑，可以多放一个开水（或粥汤）把焦屑调成糊状后食用。

南通地区广为流传着元麦“吃青”，将灌浆饱满、尚未完全成熟的元麦穗子去壳扬净，将籽粒炒熟磨制成丝状麦条，称为“冷蒸”，启东、海门一带叫“麦蚕”，如皋人称冷冷，其口感软糯滑爽，且有浓郁的青鲜麦香，它不仅是一道时令美食，也曾是南通人在特殊时期的救命口粮。当天制作的新鲜冷蒸，用力捏成圆团，就可以直接吃了，香甜软糯，原汁原味。喜欢甜食的，蘸些白糖或是直接将冷蒸包上糖或豆沙馅。韭菜炒冷蒸被冠名为“韭菜焕冷蒸”，是如皋一带初夏季节最为时令的美食，用冷蒸加切碎的韭菜一起爆炒，冷蒸清香袅袅，韭菜翠绿欲滴。槐花炒冷蒸称得上是少有的乡馐珍品，将冷蒸拌些雪白的槐花放入锅中，加少许豆油炒焖，直炒得发黄，出锅后蘸白糖吃，可谓色香味俱全。冷蒸还可用来煮粥、煮饭，还可以和着糯米、芝麻做饼，或蒸制或油炸，甜咸兼宜。

（五）种植管理

元麦秋播、夏收，比较耐干旱、耐霜冻、耐盐碱，对前茬作物要求不严。生产上，根据产品用途选用适宜品种，如果是用于制作“冷蒸”食物上市的，应选用籽粒灌浆快、抽穗开花早、麦穗落粒性好的六棱型品种；如果是收获干籽粒的，应选用增产潜力大的二棱型品种，如“苏裸麦2号”等。通过良田良种良法良机等融合配套，元麦亩产可稳定在350～450 kg，高产田块可超过500 kg。

1. 整地播种

整地要求：元麦高产栽培，要求有良好的土壤环境。在深耕、施足基肥基础上，精细整地，做到全层碎土，上虚下实，畦平土细。水稻茬口稻秸全部留田情况下，要求留茬高度不超过10 cm，秸秆切碎长度不超过10 cm，全田匀铺，旋耕埋秸深度不少于15 cm。稻田少免耕种植元麦，能够缓解农时紧张矛盾，具有少工、降本、增效等综合效应，可集成应用稻秸归垄洁区播种条带耕作技术。高标准开好麦田一套沟，竖沟、腰沟、田头沟逐级加深，沟沟相通，主沟通河。

精细播种：播种前做好选种、晒种、药剂浸种（或拌种），做好适期适量播种。高产栽培时，播种期以11月1—10日为宜，暖冬年份可推迟3～5 d。正常情况下，每亩播种量8～12 kg。地力较差、稻茬的播量要增加10%～25%。晚茬田随播期推迟，播种量应相应增加。

扩行条播：提倡机械条播，适当扩大行距，并以狭麦幅、宽行距的配置为宜。通常情况下，适宜麦幅12～15 cm，空幅20～25 cm。适期早播、土壤肥力较高的田块，空幅还可扩大至26～30 cm。播种后覆土深度1.5～2.0 cm为宜。稻秸归垄洁区播种的，应用“2BFGK-12（6）260全秸秆茬地旋耕智能施肥播种机”，一次作业能够完成秸秆归垄、田间开沟和洁区内施肥、旋耕、播种、镇压等六项作业工序，小麦呈宽窄行种植，宽行行距30 cm，窄行行距15 cm。

2. 田间培管

肥水管理：元麦每亩施纯氮以12～14 kg为宜，矮秆耐肥品种不宜超过15 kg。要求重施基肥，基肥氮素用量应占总施氮量的35%～45%，注意增施磷、钾肥；早施苗肥，苗肥在3～4叶期施用，氮素用量应占总施氮量的15%～25%；植株基部第1节间基本定长、叶色褪淡、群体开始下降时，施好拔节肥，氮素用量应占总施氮量的25%～35%，注意增施钾肥；高产田块要在孕穗期施好穗肥，增加每穗粒数和千粒重，氮素用量应占总施氮量的5%～10%，可采用叶面喷施。冬季和早春及时清沟理墒、疏通田内外沟系，保证排水畅通，做到雨止田干、沟无积水。冬春干旱少雨时，可及时沟灌洇水。

化学调控：播种时可采用多效唑、矮苗壮等生长延缓剂拌种或苗期喷施。返青拔节期如有旺长趋势时，注意应用镇压、喷施生长延缓剂等措施，有效防御冻害、倒伏等。

病虫草防控：化学除草要求播后药剂封闭、冬前化学除草“一封一杀”，春季田间杂草多时再补除。元麦主要病虫害有黄花叶病、条纹病、网斑病、黑穗病、赤霉病和蚜虫等，注意及时防控。

3. 产品收获

元麦青籽粒：麦穗由绿转黄、刚刚固好浆，是收获适宜期。如果采收过早，麦粒太嫩（处于乳熟期），其含水量过多，磨制的“冷蒸”会成为一堆皮和一旺碧绿的浆汁，不能成形；而采收过迟，麦粒转黄后，制成的冷蒸又硬又粗，食口性变差。

元麦干籽粒：麦穗进入黄熟期，此时光合作用停止，麦粒养分不再积累和增加，是收获的最佳时期。此期植株和穗子全黄，含水量为20%～22%，此时收获、脱粒，籽粒不受损伤。收获过迟，到了完熟期后，茎秆干枯变脆，很容易落粒掉穗，如遇雨天，容易在穗上发芽。元麦收获后及时晾晒（或烘干），防止混杂，并分筛去杂，使籽粒含水量降至10%～12%，以利安全贮藏。

4. 模式技术推介

【元麦—水稻周年丰产高效种植】

通常情况下，元麦成熟收获期在5月20—25日，较小麦提前10～15 d。该模式充分利用元麦耐迟播且成熟早的生产特点，与优良食味水稻品种有机衔接，实现周年协同丰产高效。一是接茬生育期偏长的品种类型，将水稻栽插期大幅度前移，通过水稻早播早栽，实现水稻安全抽穗与成熟，确保水稻稳产增收；二是接茬生育期适宜的品种类型（如迟熟中粳稻和早熟晚粳稻），选择精量直播种植方式，将水稻播种期大幅度前移，实现水稻早发早熟，确保水稻降本增产。

“元麦-机插稻”茬口配置：元麦11月5日左右播种，5月22日左右收获。水稻选用生育期偏长的优良食味粳稻品种（如“南粳46”等）。5月5—10日育苗，毯状苗机插，秧龄控制在15～20 d，5月25日左右大田机插，每亩基本苗6万左右。10月25日左右成熟收获。

“元麦-直播稻”茬口配置：元麦11月5日左右播种，5月22日左右收获。水稻选用生育期适宜的优良食味粳稻品种，如迟熟中粳稻品种“南粳9108”等、早熟晚粳稻品种“南粳5055”等。5月25日左右大田机械条播，精量播种，行距20～25 cm，每亩基本苗6万～8万株。10月20日左右成熟收获。

十一

荞　麦

皋地乡野的特色杂粮

主要种植在如皋市高沙土及其周边地区。荞麦是如皋传统的特色作物，通常是利用十边隙地种植，大田种植时主要是前后两茬之间插种、填闲补种。主要用籽粒加工成面粉（荞麦屑）供食用，荞麦含有较高的膳食纤维以及芦丁等类黄酮成分、γ-氨基丁酸等。面食是主要食用形式，也有用荞麦米煮饭（粥）。荞麦屑“糊粉”尤其受到皋地人喜爱。

荞麦种植田

荞麦籽粒

荞麦屑

荞麦饼

荞麦屑“糊粉”

荞麦屑摊饼

（一）基本概况

1. 起源与分布

荞麦系蓼科荞麦属一年生或多年生的草本植物，起源于我国。别名乌麦、花麦、三角麦、荞子。

荞麦在我国种植广泛，资源丰富，品质优异。

2. 种植历史

荞麦在中国的种植和食用历史非常悠久。

最早的荞麦实物出土于陕西省咸阳市杨家湾四号汉墓中，距今已有2 000多年。战国时期的《神农书》将荞麦列入为八谷之一。我国古代荞麦的种植栽培上，有相关史书记载可供考证。唐代荞麦的种植面积很大，已从整地、播种、收获、脱粒等方面总结出比较系统的种植经验。宋元时期，荞麦成为主要粮食作物之一。元代，荞麦在全国各地都有种植，是人们食用的主要粮种之一。明代以后，随着从国外引进玉米、甘薯、马铃薯等高产作物，并快速推广，荞麦面积逐步减少，逐渐变为一种救荒作物和填闲作物。

荞麦的医疗价值在古代医学典籍和植物图鉴也有较为详尽的阐述。《本草纲目》中评价荞麦中苦荞“苦荞味苦、性平寒。能实肠胃，益气力，续精神，利耳目，炼五脏渣秽。”宋朝时期完书的《图经本草》中有着“实肠胃，益力气，续精神”等对荞麦药用价值的记载。而在明代的花草栽培专业书《群芳谱·谷谱》也有着“性甘寒无毒，降气宽中，能炼肠胃”的记载。

3. 利用价值

荞麦食用部位为种子，通常被当作杂粮来食用。荞麦富含营养，膳食纤维含量较高，富含抗性淀粉，钾含量比较丰富，还含有芦丁等类黄酮成分、γ-氨基丁酸和荞麦蛋白及其酶解后生成的多肽等营养功能成分，是公认的集营养、保健和医疗价值于一体的天然保健食品。

荞麦籽实是糖果点心工业的原料。茎叶及籽实加工时的废弃物（皮壳、麸皮）含有较多的蛋白质和脂肪，是良好的饲料。荞麦壳中含有30%～40%的氧化钾，除用作肥料外，还可用于生产碳酸钾。荞麦抗旱、耐瘠、适应性强，且生育期短，是新垦地或贫瘠地的先锋作物，也是灾后的补救作物和填闲作物。荞麦茎叶柔软多汁，易于腐烂，可用作绿肥。此外，荞麦还是重要的蜜源作物。

（二）特征特性

1. 形态特征

荞麦为圆锥根系。主根较粗大，垂直向下生长，其上长有侧根和毛根。主根入土30 ~ 50 cm，吸肥力较强，特别是吸收磷、钾的能力强，适于在新垦地和瘠薄地栽培。

茎秆中空直立，粗4 ~ 6 mm、高60 ~ 150 cm，最高可达300 cm，茎圆形，稍有棱角，茎可形成分枝，分枝数通常2 ~ 10个。有些多年生野生种基部分枝呈匍匐状。茎有膨大的节，节数10 ~ 30个不等。多年生种有肥大的球块状或根茎状的茎。荞麦易发生倒伏，倒伏后长出气生根，且难以恢复，形成一面花，导致产量降低。

单叶，互生，三角形、卵状三角形、戟形或线形，全缘，掌状网脉。中下部叶叶柄较长，上部叶叶柄渐短，至顶部则几乎无叶柄。

花朵密集成簇，直立或下垂，每簇有1 ~ 3个花序，每个花序由25 ~ 30朵花组成。两性花，由花萼、雄蕊和雌蕊组成。有限和无限的混生花序，顶生和腋生。

干果，黄褐色，光滑，先端渐尖，果皮革质，果实大部分三棱形，少有二或多棱不规则形。果皮之内是种子，具对生子叶。江苏等地栽培的荞麦籽粒千粒重18 ~ 25 g。

2. 生长习性

荞麦是喜温作物，耐寒能力弱，怕霜冻。荞麦发芽的最适温度为15 ~ 20 ℃，播后5 ~ 6 d就能整齐出苗。生育阶段最适宜的温度是18 ~ 22 ℃。在开花结实期间，凉爽的气候和比较湿润的空气有利于产量的提高，当温度低于13 ℃或高于25 ℃时，植株的生育受到明显抑制。

荞麦对日照要求因品种类型而有差异。苦荞对日照要求不严，长日照和短日照条件下都能生育并形成果实，但甜荞对日照反应敏感些。同一品种春播开花迟，生育期长；夏播、秋播开花早，生育期短。从出苗到开花期，宜在长日照条件下生育。从开花至成熟期，宜在短日照条件下生育。荞麦是喜光作物，幼苗期光照不足时植株瘦弱，若开花、结实期光照不足，则引起花果脱落，降低结实率。

荞麦是喜湿作物，但又不耐渍。荞麦的需水临界期是在出苗后17～25 d的花粉母细胞四分体形成期，如果在开花期间遇到干旱、高温则影响授粉，花蜜分泌量减少。荞麦在多雾、多雨条件下，授粉结实会受到影响。

荞麦对土壤的选择不太严格，只要气候适宜，任何土壤包括不适于其他禾本科作物生长的瘠薄、带酸性或新垦地都可以种植，但以排水良好的沙质土壤为最适合。酸性较重的和碱性较重的土壤改良后可以种植。

3. 品种类型

通常认为荞麦共有15个种和2个变种，其中在我国就有10个种和2个变种。栽培荞麦有甜荞、苦荞、翅荞和米荞4个种，但生产上栽培的荞麦主要有甜荞和苦荞2种。

甜荞（普通荞麦）类型：我国广泛种植，花呈白色或粉红色，异花授粉，籽粒呈三棱形，黑色或黑灰色，品质较好。

苦荞（鞑靼荞麦）类型：我国西南地区种植较多，耐寒性强，花朵红色，自花授粉，籽粒较小，表面有3条腹沟，略有苦味，在国外视为野生植物，也可作饲料之用，只有我国有栽培和食用习惯。

（三）区域特色

1. 农耕历史

南通的如皋等地，种植荞麦的历史悠久。如皋地处长江北侧，由于是长江冲击成陆，耕地中以“沙、漏、板、瘦”为特征的高沙土就占到53%。新中国成立初期，由于土地高低不平，农田水利设施落后，农业生产水平极低，118.5万亩耕地，旱谷杂粮的种植面积达到260余万亩，约占农作物播种面积的83%。而荞麦作为如皋的传统特色作物，在旱谷杂粮中具有重要地位，1953年种植面积达到26.3万亩，占当时粮食总面积的11.4%。

当地还流传着很多关于荞麦的谚语等故事。谜面“绿袄红裙戴白花”的谜底即为荞麦。关于荞麦何时播种，这里乡间有“淮河南北，家家种荞麦”的农谚，乡民们通常称天上的“银河”为“淮河”，夏末秋初，银河呈南北向时，荞麦就要播种了。荞麦的外观特征呈绿叶、红茎、白花、黑籽，生育期70 d左右，农民也会用“十八天绿、十八天红、十八天白、十八天黑”来描述田间植株生长过程中的直观变化。当地还有人用“十八天一拃（手掌张开拇指与中指间距离）、十八天开花、十八天结籽、十八天归家”来形象地反映荞麦生育进程。过去，农民冬天都用荞麦秸秆铺床取暖，“西北风呼啊呼，荞麦秆打地铺，又暖和又软和……”的民谣流传至今。在如皋，几乎家家户户都钟情于用荞麦壳做枕头。

为摆脱人多地少、粮食短缺的困境，20世纪60年代中期，如皋全境开展了大规模土地平整、兴修水利的运动，种植业也相应地进行缩旱（旱谷）扩水、缩杂（小杂粮）扩稻的重大变革，荞麦等杂粮被视为低产作物面积大幅度减少。

2. 传统生产

种植荞麦通常会利用十边隙地，大田生产中则是填闲补种，即在前后两茬之间抢种一熟。由于闲茬时间短，季节紧，为了不违时，生产上用“十八天强盗”来形容抢茬种植荞麦的重要。

如皋种植的荞麦归类为甜荞，为小粒荞品种。植株高度约90 cm，主茎10～11节，主茎分枝4～5个，成熟期红茎到顶，叶片心脏状，花白色，种子呈三角形，浅褐色，千粒重20 g左右。通常在8月下旬播种，10月底至11月上旬收获，正好赶在秋播和初霜前成熟离田。一般每亩产量为75～100 kg。

荞麦传统的种植方式非常简易。通常是前茬收获后，按农时季节田间整茬撒播。荞麦植株生长量小，需肥量少，一般不施肥，主要是利用土壤本身的地力。荞麦种植密度高达每亩6万～8万株基本苗，田间自我补偿能力较强。大田培管上，只在苗期人工除草1～2遍，基本上不防病，不治虫。

3. 产业发展

如皋市在2008年被中国老年学和老年医学学会授予“中国长寿之乡”称号，又于2011年被国际自然医学会、世界长寿乡科学认证委员会授予“世界长寿乡”匾牌。荞麦作为一种极其重要食物性药用植物，集营养、保健、药疗、饲料、蜜源、观花等功能于一体，是公认的保健食物和功能性食品。如皋荞麦产业的发展具有很大潜力，一是与深厚的荞麦饮食文化相结合，做大如皋“长寿食品”品牌；二是有效发挥生育期短的特点，与多元多熟农作制相结合，提高耕地产出率；三是挖掘荞麦保健、药疗、蜜源、观花等功能，与乡村产业功能拓展相结合，助力乡村全面振兴。

（四）特色膳食

如皋等地，绝大多数的荞麦被用来加工成面粉（当地俗称荞麦屑），面食是荞麦的主要消费形式。也有将荞麦米用于煮饭、煮粥等进行食用。

荞麦屑常用来煎荞麦屑摊饼、擀荞麦屑面、包荞麦屑饼、搂荞麦屑糊粉、煮荞麦屑疙瘩等多种特色小吃。

荞麦屑摊饼是相对便捷的食用方法，通常有多种做法。一种做法是，先将荞麦面调成糊状倒到锅面，再用锅铲摊成圆圆的一张摊饼，在饼面浇上半汤匙油，放一把青蒜叶，就做成了一张又香又脆的荞麦面摊饼。另一种做法是，将荞麦面加水，再加上鸡蛋和少量的食盐、葱花，拌成稠糊状，将平底锅放在炉上烧热、涂上油，倒入适量的面糊，使面糊均匀地布满锅底，翻转摊饼后出锅，将肉丝、绿豆芽加调料炒熟，卷入摊饼内食用。还有一种做法，摊好圆饼后几乎不放油，先用锅铲铲出来，把摊饼切成短条状，加咸菜，少放点油下锅炒。这种饼既有荞麦面摊饼的香味，又有咸菜的香脆，口感独特。每当“清明”适逢杨柳吐翠时，家家户户都有当天早晨吃荞麦屑杨柳摊饼的习惯。

荞麦屑擀面在乡村非常普遍。其制作方法：将小麦粉、荞麦粉按适当比例放入盆里混匀，一手浇水（要用冷水），另一手和面，打成穗子和成面团，再揉匀揉光；然后放在面案上，用擀面杖轧扁，将两头折回，再擀轧成长方形，先从四角中的一角擀起，待擀4～5下后打开，再擀其他一角，如此将四角都擀得厚薄一样，撒上面扑，用擀杖卷起，双手边擀边从中间向两旁用力推按7～8次，将面团展开，再撒上面扑，再从另一头卷起，仍用双手从面杖中间向两旁推擀7～8次，如此将面团擀薄到约3 mm厚时为止；然后将擀好的面折叠起来，切成细条，用手把面条上层的头端向上掀起，一手握头，另一手握中间抖撒面扑，下入开水锅煮熟，起锅即成，口感十分筋道。用肉末、小虾皮、鸡蛋、油盐姜蒜等制作配料，拌入面中口味更佳。

包荞麦屑饼用切碎的雪菜、炒熟的芝麻和碾碎的花生米做馅笼中蒸煮，吃起来口口生香。也有将肉末和切碎的肉渣、木耳、春笋、青菜等充分搅拌，调制成馅料并捏成菜团子，荞麦粉加入开水和面，醒面之后，双手拍成茶杯盖大小的形状，包入已经捏好的菜团子，上笼蒸20 min，热气腾腾的荞麦饼就制作完成。它不仅有肉渣的酥香，蔬菜的菜香，还有春笋的鲜香。一种叫“糊粉”的荞麦食物，制作与食用的方法很有特色。当地有“冷呀冷，搂（搅拌）糊粉”的顺口溜，每到冬季寒冷天气，在锅里烧透开水，撒适量的荞麦屑，用擀面棒不停地搅拌，制成面糊状的“糊粉”，趁热起锅，佐以豆酱、蒜叶等调料，既可口，又暖和。将糊粉盛在钵器内冷却，成形后倒出备用，切成小片，可炒食，也可制汤。

荞麦屑最省事的吃法就是煮疙瘩。把荞麦屑盛到碗里，兑少量水调成疙瘩下入沸水中并轻轻搅拌，再根据个人喜爱准备好配菜一起下锅做汤，就成了一道美味的荞麦屑疙瘩。

（五）种植管理

荞麦对茬口的要求不严格，无论是什么茬口上都可以生长，但不宜连作。最好选择豆类、花生、马铃薯等茬口，其次是玉米、小麦、菜地茬口。播种前做好晒种、选种、浸种和药剂拌种等，以确保荞麦全苗壮苗。荞麦的传统生产多为直播种植，近年来的实践表明，荞麦也可以育苗移栽。育苗移栽的荞麦，有明显缓苗期，茎秆基部节间短，木质化程度高，抗逆性强，不易倒伏，比传统的撒播种植增产10%左右。

1. 整地播种

施肥整地：前茬收获后应及时浅耕灭茬，然后进行深耕。结合深耕整地，每亩施入腐熟有机肥500 ~ 1 500 kg和过磷酸钙10 kg作基肥。在多雨季节及地势低洼易积水的地块，应作畦开深沟排水降渍。

适期播种：荞麦怕酷暑、畏霜冻，适时播种是高产的关键措施。生产上以秋荞为主，通常在立秋至处暑之间播种，不能迟于8月底，力争霜冻之前收获。主要播种方式有撒播、条播等，提倡采用条播种植，每亩种植密植4万 ~ 8万株，播种深度以3 ~ 4 cm为宜。荞麦条播时，通常播幅13 ~ 17 cm、空幅17 ~ 20 cm，以南北向为好。规模化种植的荞麦，可用2BG-6A稻麦免耕条播机播种。

2. 田间培管

肥水管理：在正常施用基肥情况下，荞麦的苗期，每亩施用尿素2.5 kg，开花期每亩追施硫酸钾7.5 kg作追肥。还可叶面喷施硼、锰、锌、钼、铜等微量元素肥料。由于荞麦生育期很短，可采取一次性基施配方肥方法，每亩施用含硫的高浓度复合肥（氮、磷、钾有效养分含量≥45%）10～20 kg作基肥。防止氮素过多导致徒长、造成倒伏，荞麦为忌氯作物，施用钾肥时不宜用氯化钾。荞麦抗旱能力较弱，需水较多，尤以开花灌浆期需水量最多。干旱时，田间灌溉宜采用畦灌或沟灌方式。多雨天气时，及时排除田间积水。

中耕除草：第1片真叶展开后结合间苗疏苗进行第1次中耕，随后的10～15 d，根据气候、土壤和田间杂草情况，再第2次中耕。土壤湿度大、杂草又多的荞麦地，可再次中耕除草。荞麦封垄前，结合追肥培土进行最后1次中耕，中耕深度3～5 cm。中耕除草的同时，进行疏苗和间苗，去掉弱苗、多余苗，提高植株的整齐度和田间均匀度。也可选用适宜除草剂，播后苗前土壤封闭除草。

化控防倒：苗期可喷施200～250 mg/kg多效唑，控株促壮。

辅助授粉：蜜蜂辅助授粉在盛花期进行，开花前2～3 d，每亩荞麦田安放蜜蜂1～3箱。没有蜂源的地方可以采用人工辅助授粉，具体做法：盛花期于晴天上午9—11时、下午4—6时，用长20～25 m的绳子系一条狭窄的麻布，两人拉着绳子两头，沿地的两边从这头走到那头，来回行走时让麻布接触荞麦的花部，使其摇晃抖动，每2～3 d授粉一次，共授粉2～3次，有明显增产效果。

3. 产品收获

荞麦花期很长，种子成熟期不一致。收获过早，不仅产量低，还因混入大量未成熟种子而降低品质；收获过晚，则会导致大量成熟籽粒脱落而减收，因而荞麦适期收获极为重要。通常掌握在70%～75%的籽实变为褐色，并呈现出品种固有的粒色时为收获适期。若遇霜害应立即收获，以免因植株枯死而落粒。留种荞麦应在霜前收获，遇有大风预报，应抓紧抢收。收获荞麦，最好选择在早晨露水未干时进行，注意轻割轻放，以减少落粒。收获后，打成小捆拉运到晒场，堆放5～7 d，以促进后熟，提高粒重。晒干碾打或机械脱粒后及时入库，以减少霉变和破碎损失。

4. 模式技术推介

【荞麦主要接茬模式】

根据不同茬口类型，利用荞麦生育期短的特点，衔接相应的播栽方式，形成不同类型的荞麦填闲利用多熟种植模式。

正常播种接茬：对于春玉米、西瓜、鲜食花生和鲜食玉米等作物，能够在8月20日之前离田的，则进行正常的撒播和机播方式种植。例如："花生（鲜食）+玉米/荞麦/秋冬蔬菜"模式，花生于3月中旬播种，畦宽3 m，播种6行花生，宽窄行种植，宽行行距50 cm、窄行行距20 cm，株距25 cm，每穴播种2～3粒，化学除草后覆盖地膜，同期跨墒各播1行玉米，距花生行45～50 cm，株距10～15 cm，7月上中旬花生收青后播种荞麦，玉米收获后播栽秋冬蔬菜；"蚕豆（鲜食）—玉米/胡萝卜—荞麦"模式，畦宽3.33 m，秋播时每畦按55 cm行距播种6行蚕豆，翌年5月上旬蚕豆采收青荚，蚕豆收获后播种玉米，玉米采用宽窄行方式种植，宽行行距90 cm、窄行行距33 cm，每畦种植6行，同时在玉米宽行内套播胡萝卜，采收胡萝卜缨，玉米收获后于8月初之前播种荞麦。

套播种植接茬：8月底至9月初收获的夏大豆，在收获前3～4 d，进行田间套播。由于播种方式相对粗放，应增加30%左右的播种量，以弥补出苗率下降、群体不足等问题。

育苗移栽接茬：对于9月10日左右离田的早熟花生、玉米等茬口，在前茬作物收获前15～20 d进行荞麦育苗，每亩大田留苗床150 m^2，播种2.5 kg。当荞麦苗高15 cm左右、叶片3～4张时，按14 cm × 16 cm规格移栽，每穴2～3苗，每亩基本苗7.5万株左右。

十二

蚕 豆

江海变迁下的“永久客”

南通地区均有种植，主要集中启东市、海门区和如东县、通州区的近海地区。蚕豆可能是南通成陆开垦最早种植的农作物之一，沙地人称“寒豆”。大田生产大多采用间套作方式，蚕豆套种玉米是最主要的种植模式。以籽粒供食用，蚕豆吃“青”由来已久，炒、煮、煨汤均可。“启东绿皮蚕豆”“海门大白皮蚕豆”获国家农产品地理标志登记保护。

蚕豆植株

启东绿皮蚕豆

海门大白皮蚕豆

青蚕豆炒青蒜

青豆瓣炒文蛤

盐齑豆瓣汤

（一）基本概况

1. 起源与分布

蚕豆系豆科野豌豆属一年生或越年生草本植物，因豆荚形状似老熟的蚕、或因在蚕老时豆荚成熟而得名，别名胡豆、南豆、佛豆、罗汉豆等。原产于欧洲地中海沿岸、亚洲西南部至北非，蚕豆是人类最早栽培的豆类作物之一。

蚕豆在我国绝大多数省份都有种植。

2. 种植历史

我国种植蚕豆的历史悠久。

据宋《太平御览》记载："张骞使外国，得胡豆种归。指此也。今蜀人呼此为胡豆，而豌豆不复名胡豆矣。"关于蚕豆的记载，最先见于北宋的《益部方物略记》和《图经本草》，前者所记载的"佛豆"就是蚕豆，书中记载："佛豆：丰粒茂苗，豆别一类。秋种春敛，农不常莳。"自注："豆粒甚大而坚，农夫不甚种，唯圃中莳以为利，以盐渍食之，小儿所嗜。"后者则比较详细地描述了蚕豆形状。可见当时种植蚕豆还不太普遍。"蚕豆"一词，最早见于南宋杨万里《招陈益之、李兼济二主管小酌·益之指蚕豆云》，诗中的"翠荚中排浅绿珠，甘欺崖蜜软欺酥。"把青蚕豆色碧味甜的美味描写到了极致。

明朱橚撰写的《救荒本草》说"蚕豆今处处有之"。清《多稼集》说江浙一带因"蚕豆得春花之最早，立夏荐新"，是"七热之一"而"人喜嗜之"，故普遍种植。

蚕豆大约在汉代经丝绸之路传入中国，明朝已经广为种植。

3. 利用价值

蚕豆可粮用、菜用、饲用和肥用等，用途非常广泛。蚕豆中含有钙、锌、锰、磷脂等，并含有丰富的胆石碱，可促进人体骨骼的生长发育，有增强记忆力的健脑效果。我国蚕豆以干籽粒生产为主，过去多为粮饲兼用。随着居民膳食结构的显著变化，蚕豆鲜食、菜用的比例不断增加，其在鲜食利用、优质饲草（料）、绿肥以及休闲食品加工、调味加工等领域的综合利用方面具有较大潜力。

（二）特征特性

1. 形态特征

蚕豆为圆锥根系。主根粗壮，入土可达100 cm以上。侧根在土壤表层水平伸长至35～60 cm时向下垂直生长，可深达60～90 cm。主要根群分布在距地表30 cm以内的耕层内。主根和侧根上有根瘤菌共生，形成根瘤。

茎秆直立，呈四棱形，株高一般30～150 cm。蚕豆分枝习性强，主、侧茎基部易生分枝。

真叶互生，为偶数羽状复叶。小叶椭圆形，肥厚多肉质，小叶数在2～7片之间，由植株基部向上逐渐增多，随着生殖生长的加快和籽粒的充实，小叶数又逐渐减少。

短总状花序，着生于叶腋间的花梗上。每一花序上聚生2～7朵花，只有1～3朵能结荚。花蝶形，花冠多为紫白色，也有全白色、紫色、红色、粉色、灰色，翼瓣中夹有一个黑色大斑点。

荚果，豆荚扁平肥厚，呈筒状，长5～10 cm、宽2～3 cm，形似老蚕。单株结荚10～30个或更多，荚果幼嫩时荚壁肉质，多汁，内有丝绒状茸毛，荚面绿色。每荚有种子2～4粒，少数7～8粒。荚果成熟时沿背缝线处开裂。种子扁平、椭圆形，表面略有凹凸。

2. 生长习性

蚕豆比较耐寒，适宜冷凉、湿润的气候。种子发芽的最低温度为3～8 ℃，最高温度为25～35 ℃，以15 ℃为最适宜。出苗适温为9～12 ℃，营养器官形成的适宜温度为14～16 ℃，生殖器官形成的适宜温度为16～20 ℃，结荚期的适宜温度为16～22 ℃。

蚕豆需水量较多，以土壤水分为田间持水量的70%～80%时最适合，土壤水分过少或过多，都会影响产量和品质。不同时期对水分的要求不同。种子必须吸收相当于种子自身重量110%～120%的水分才能发芽，因而发芽阶段要求有较多的水分；幼苗期比较耐旱；现蕾以后，植株生长加快，需水量逐渐增多；开花期的需水量最多，如果水分不足将增加花荚脱落；结荚开始到鼓粒期需要有较多水分，若缺水会造成幼荚脱落，秕荚、秕粒增多。

蚕豆生长要有充分光照。开花结荚期，如果植株过大，互相遮光严重，会发生大量落花落荚。

蚕豆对土壤的要求不太严格，较耐碱性，适宜的pH值为6.2～8.0（微酸性到微碱性）。优质高产栽培时，要求土层深厚、排水良好，并以富含有机质的中性或微酸性土壤为好。

3. 品种类型

根据适宜的生态条件，按播种期将蚕豆分为春性蚕豆、冬性蚕豆。春性蚕豆适宜的春化温度较高且春化期较短，适于在春季播种的蚕豆类型；冬性蚕豆适宜的春化温度较低且春化期较长，适于在秋季播种的蚕豆类型。

根据生长季的蚕豆生育期长短，分为早熟、中熟、晚熟。不同熟性蚕豆的全生育期长短界定，因春性蚕豆和冬性蚕豆不同而异。

根据籽粒的大小，依据百粒重对蚕豆进行分类，是世界上公认的蚕豆现行通用的分类方法。通常将蚕豆分类小粒型、中粒型和大粒型，百粒重70 g以下为小粒型种，百粒重70～120 g为中粒型种，百粒重120 g以上为大粒重型种。

此外，根据种皮颜色的不同，可分为绿蚕豆、红蚕豆、紫蚕豆、白蚕豆、黄蚕豆、黑蚕豆和花纹蚕豆等；根据旗瓣颜色不同，可分为白花蚕豆、红花蚕豆、紫花蚕豆、灰花蚕豆、粉花蚕豆等。

（三）区域特色

1. 农耕历史

受长江和大海的双重影响，南通土地总体呈西北向东南走势，且一直处于变化之中。而蚕豆在南通种植史，则与成陆开垦史相伴随。

早在两千多年前，南通地区西北逐渐成陆地有人类活动，而位于东南方的江海水域形成了一些沙洲，通过沙洲与内陆并连，才形成现今的南通地域。这些沙洲中，当时有一个面积最大的叫“胡逗洲”，壶逗洲、胡豆洲、胡豆州、胡逗州等均是胡逗洲的混称，有人认为是因为该洲生长众多胡豆的缘故。古时，胡逗洲滨江临海，土地肥沃，气候温和，适宜种植水稻，人们在烧盐捕鱼的同时煮食胡豆粥。由于蚕豆古称胡豆，由此推断蚕豆很早就在这些沙洲种植。

随着江海变迁冲积成陆，蚕豆也不断延伸扩展。在这片最早开垦的贫瘠盐碱地上，蚕豆比较耐盐碱，加上适宜的温度等气候条件，使得蚕豆能够延续不断地良好生长，因而蚕豆可能是南通成陆开垦最早种植的农作物之一。

大概因为蚕豆的生长要经过一春三寒的风雪煎熬才能成熟的缘故，启东、海门等地的“沙里人”把蚕豆叫作寒豆。南通地区独特的土壤和气候条件十分适宜蚕豆的生长，蚕豆成为这里历史上的主要粮食蔬菜兼用的特色豆类作物之一，深受种植农民的喜爱。根据启东县志记载，1930年蚕豆面积就有32.24万亩。20世纪60—70年代，启东全境共有120万亩耕地，其中蚕豆面积就达到60万亩以上，那时已是全国著名的蚕豆产区。

2. 传统生产

蚕豆的长期种植过程中，农民年年自行选种，选取株型紧凑、茎秆粗壮抗倒、抗病性好、荚形标准、籽粒饱满和单荚籽粒多的品种进行留种，逐步形成区域特色鲜明的蚕豆品种。科技人员也不断地创新种植技术、开展蚕豆种性改良和品种选育，对推动蚕豆产量提高、品质提升发挥了重要作用。

启东、海门等地，蚕豆种植规模大，但当初的产量不高，每亩产量也只有100 kg，甚至更低。从1958年开始，人们用磷肥作基肥，蚕豆分枝显著增多，后期长势足，籽粒重增加30%左右，每亩产量就能达到150 kg，实现了蚕豆生产的飞跃。影响蚕豆产量的另一个因素是锈病，那时一旦蚕豆锈病暴发，就有可能颗粒无收。由崇明岛北侧两座沙洲围垦而成的启东永隆镇，1969年建立启东县五七农业良种繁育场（五七农场），培育蚕豆良种是其中的一项任务。20世纪70年代，农技员李锦文从几千亩蚕豆田间，发现了几十株从开花到结荚都是碧青的蚕豆，较好地攻克了锈病难题，而且结荚多、荚果长，单荚结籽3 ~ 5粒，而一般的只有1 ~ 2粒。经过几年选育提纯，增产幅度始终保持30% ~ 40%，启东蚕豆产量由原来的2万 ~ 3万t一下子猛增到5万 ~ 6万t，由此启东等地的蚕豆美名远扬，这个优良的品种被命名为“启豆1号”，并在1978年江苏省科学大会上获奖。之后“启豆2号”“启豆3号”等系列品种相继诞生，对推动蚕豆生产发挥了重要作用。

这里蚕豆种植大多是间套复种模式。秋播时，蚕豆行距较大，行子中间种植些蔬菜。这些间作的蔬菜收获后，翌年清明前后再种植玉米，形成蚕豆与春玉米套种模式。

3. 产业发展

长久以来，江、浙、沪地区都有吃青蚕豆的习惯。南宋诗人杨万里的一首《蚕豆诗》“翠荚中排浅碧珠，甘欺崖蜜软欺酥，沙瓶新熟西湖水，漆櫑分尝晓露腴”，准确描述了青蚕豆作为菜肴的独特风味和绚丽色调。而南通地区对青鲜蚕豆更是情有独钟，启东、海门等地则把青蚕豆与青玉米、青毛豆、青豌豆等作物一道，组合成的“四青作物”产业在江苏乃至全国均有较大影响，对区域乡村产业发展发挥了重要作用。

近年来，随着钢架大棚等设施普及，设施保护地蚕豆春化技术得到示范应用，大棚蚕豆和露地蚕豆同步发展，蚕豆生产呈现出连片规模化、高效集约化、特色鲜明化等特征，鲜食蚕豆从3月下旬开始上市，比露地种植的提前了40多天，有效拓宽了青蚕豆上市时间。蚕豆产品在满足本地市场的同时，还销往上海和苏南等外地大中城市，蚕豆产品的品牌知名度得到显著提升。

4. 名特产品

【启东绿皮蚕豆】

2017年12月，农业部正式批准对“启东绿皮蚕豆”实施农产品地理标志登记保护。地理标志保护范围包括启东市辖区内的原汇龙、北新、王鲍、合作、吕四、海复、南阳、惠萍、寅阳、东海、近海、启隆等12个镇（乡）全部陆地区域。地理坐标：北纬31°41′06″至32°16′19″，东经121°25′40″至121°54′30″。

外在感官特征：启东绿皮蚕豆鲜豆种皮碧绿，有光泽，种脐黑色，子叶绿色，皮薄粒大，气味清香，质地酥软细腻；干豆种皮绿色，表面光滑，种脐黑色，子叶淡黄色，煮熟后种皮褐色，子叶粉质酥沙，豆香浓郁。

内在品质特色：启东绿皮蚕豆含有蛋白质、碳水化合物、脂肪、氨基酸、钾、钙等多种营养成分。其中蛋白质8～8.8 g/100 g，总糖1.9～2.2 g/100 g，脂肪1.1～1.6 g/100 g，钙31.1～35.5 mg/g，铁2.5～3 mg/g，氨基酸总量5.6～6.2 g/100 g。

【海门大白皮蚕豆】

2018年9月，中华人民共和国农业农村部批准对“海门大白皮蚕豆”实施农产品地理标志登记保护。地理标志地域保护范围包括海门街道、滨江街道、三厂街道、三星镇、临江镇、包场镇、常乐镇、悦来镇、余东镇、四甲镇、正余镇、海永镇。地理坐标：北纬31°46′~32°09′，东经121°04′~121°32′。

产品特征：海门大白皮蚕豆形状扁平，皮薄粒大，种皮、种脐和子叶均为绿白色，气味清香，煮熟后细糯微甜，是制作五香豆的优质原料。

（四）特色膳食

蚕豆籽粒食用方式多样。将未充分成熟的青蚕豆籽或剥了皮的青豆瓣食用，叫蚕豆吃“青”，其吃法多样，炒、煮、煨汤均可。蚕豆收干后，可以直接将干蚕豆炒熟或是煮烂后食用，也可将干籽粒水发剥皮成豆瓣食用。

南通地区长久以来就有蚕豆“吃青”的习惯。春天的蚕豆青绿鲜嫩，粒大饱满，营养丰富，味美可口，一盘炒青蚕豆，是春末夏初餐桌上常见的时令家常菜，久吃不厌。

葱油蚕豆则是青蚕豆最常见、最极简的做法，将青蚕豆籽洗净沥干，热锅起油，爆香葱花，放入蚕豆翻炒，加生抽、热水，盖上盖子，焖至水收干，加入盐、葱花，翻炒均匀即可。

将青蚕豆去皮剥瓣与文蛤、春笋搭配炒食，很有区域特色。青豆瓣炒文蛤，是启东、海门、如东等沿海地区的著名家常菜，豆瓣碧绿，文蛤雪白，汤鲜味美。蚕豆炒春笋，把蚕豆特殊的香味与春笋的清香搭配。

用咸肉雪菜炒青蚕豆瓣，青蚕豆瓣很好地吸收融合了咸肉、雪菜的混合香味，既提鲜又解腻。制作方法：烧一锅热水，水沸后加少许盐，放入去皮剥好的蚕豆瓣煮2 min，煮软后捞出，过冰水，沥干备用；取葱白、雪菜切末，咸肉切小片，焯水后捞出后待用；开大火，热锅起油，下咸肉片煸炒出香味，倒入葱白翻炒；再加入煮好的蚕豆，撒盐、白糖、淋入黄酒，炒匀后加雪菜翻炒；加少许水，用中火焖到蚕豆酥烂入味后，转大火收汁，出锅装盘即可。

启东、海门、崇明等地，还有一个十分著名的家常菜“盐齑烧豆瓣”。相传源于唐代诗人骆宾王在沙地吕四白水荡发明的“盐齑豆瓣汤”，在民间广泛流传，成为沙地一种独具魅力的美味佳肴。盐齑一般是用芥菜或者雪里蕻腌制而成。以前这里农家都会有一口腌齑缸，专门用来腌制盐齑，在缸里先铺一层芥菜或者雪里蕻，再撒一层盐，一层隔一层，层层踩实。民间常说

“三天不吃盐齑豆瓣汤，脚骨郎里酥汪汪”，足以说明“盐齑豆瓣汤”在沙地的一种独具魅力。传统方法腌制的盐齑需要有一个月的时间才能吃到，若是急着吃，可以直接将芥菜，加盐挼出青汁，用水清洗拧干，做成简易版的盐齑。切成碎末放入油锅煸炒，一会儿就能闻到盐齑独特的香味。豆瓣要用开水煮开花，这样吃起来才香软有糯性。将炒好的盐齑倒入豆瓣汤，加入少许盐和糖提味，放入小葱增加香味，一碗鲜香味美、热气腾腾的盐齑豆瓣汤就可以出锅了。而今，也常把这碗汤作为压席菜，这碗素鲜素鲜的汤一上桌，意思是这席菜便齐了。

干蚕豆除了用水发剥皮成豆瓣，做成豆瓣汤外，最为当地人喜爱的则是“沙炒蚕豆”。传统的炒法也很独特。先将干蚕豆用开水浸皱了皮，罩在热毛巾里。等到铁锅里的沙炒得发热了，便把蚕豆倒入锅内，微胖的蚕豆立即沾满一身黑沙。经过铲刀持续翻炒，蚕豆就“噼噼啪啪”地跳起来。比起纯粹的干炒，沙炒蚕豆的豆壳变得好剥，吃起来又松又脆。

（五）种植管理

蚕豆大田种植，大多数是露地生产，有纯作也有与其他作物间作。为减少病虫害发生和为害，尽量不种重茬田。近年来，鲜食蚕豆大棚种植面积不断扩大，蚕豆青荚上市期大幅度提早。

1. 整地播种

适期早播：适期早播能有效利用冬前的有效积温，实现出苗早、发棵好、结荚多的目标。生产上，通常是10月10—15日播种，播种期不宜迟于20日。

播种密度：间作田块，每亩密度以3 100 ~ 3 300株为宜。行距1.33 m，穴距0.33 m；行距1.67 m，穴距0.25 m；行距2 m，穴距0.2 m。每穴下种2粒。纯作田每亩密度2 700株左右，行距1 m，穴距0.25 m，每穴下种1粒。

播种方法：适墒播种，一般在硬板田用铁锹膛穴播（俗称“沉蚕豆”），能保持土壤水分，确保一次全苗。播种深度8 ~ 10 cm。播后每亩用过磷酸钙30 kg加适宜的杀虫剂拌匀施于播种穴内，盖土后将除草剂均匀喷雾于地面。

种好太平苗：播种结束后，在蚕豆行间播种5%的太平苗，留作补缺苗用。

2. 田间培管

沟系配套：播种结束后及时开好排水沟，做到“三沟”配套、雨停田干不积水。

松土壅根：出苗后及时移苗补缺。苗期松土除草2次，促进蚕豆早分枝、多分枝。12月下旬在蚕豆行的西北一边，壅土8～10 cm。

植株整枝：对于长势旺盛、密度偏高的田块，在3月上中旬剪去主茎、无头枝、病虫枝、幼嫩小分枝，每1 m行长留足25个健壮分枝。

肥水管理：对脱肥早衰的田块，在2月底至3月初每亩追用尿素7.5 kg作蕾肥。在3月下旬至4月初每亩追施尿素10 kg作花荚肥。多雨天气，及时清沟理墒，排出田间积水。

病虫害防治：蚕豆主要病害有蚕豆赤斑病、褐斑病、锈病、轮纹病和根腐病等，主要虫害有蛴螬、地老虎、蚜虫、潜叶蝇和蚕豆蟓等，注意及时防控。

3. 产品收获

鲜食蚕豆采收：豆荚鼓粒饱满、豆荚颜色深绿、豆脐未转黑时为适宜采收期，此时鲜籽粒老嫩适中。露地种植的，通常5月上中旬采收。

干蚕豆收获：通常在5月下旬至6月上旬，当蚕豆植株叶片脱落、豆荚外壳转变为黑褐色并呈干燥状态、籽粒变硬时，既可以开始采收。蚕豆收获后及时晾晒、脱粒、晒干。

4. 模式技术推介

【鲜食蚕豆春化促早大棚种植模式】

鲜食蚕豆春化促早大棚种植模式是利用人工春化措施和大棚保温栽培，促使蚕豆提早开花结荚，可大大提早上市时间和延长采摘期。通常情况下，采收期可提前到元旦前后至翌年4月中旬。

春化苗培育：选用大粒型鲜食用蚕豆品种，采用穴盘基质培育，蚕豆苗经低温春化处理，以2叶1心左右为宜。

大棚定植：可于9月上中旬定植。8月中下旬前完成耕地、施肥、作畦、覆盖黑地膜，通常采用8 m宽大棚，整地做成6畦，每畦定植1行，株距40～45 cm。由于气温较高，尽量阴天或者下午进行定植。定植后及时浇足定根水，并用遮阳网适当遮阴以促进成活。

温湿度控制：大棚温度以20～25 ℃为目标，进行通风换气或保温管理。棚内湿度以不形成雾滴为宜。

肥水管理：基肥以磷肥为主，配合有机肥或复合肥，花荚期视蚕豆长势，追施少量尿素。定植后保持土壤湿润，苗期水分不宜过高，花荚期需水较多。

摘心整枝：定植后5～6片叶时，主枝摘心，促进侧枝发生。有8～10个枝条发生后，选留6～8个粗壮枝条，其余及早摘除。当侧枝看到有结荚节位时，留8～10个花序，将侧枝打顶。

化控矮化：当侧枝长至15～20 cm时，喷施12%烯唑醇1 000～1 200倍液；之后10～15 d进入结荚期前，视长势再分次喷施12%烯唑醇800～1 500倍液。

此外，注意霜霉病、赤斑病、褐斑病和蚜虫等病虫害的防治。鲜荚适时分批人工采收。

十三

赤　豆

江海交汇处的“红珍珠”

以崇明、启东、海门一带的“大红袍赤豆”最著名。其籽粒长圆柱形，一身红色且鲜艳光泽。生产上，可以纯作，也可与春玉米进行间作。通常整粒食用，常用来做饭、煮粥、熬汤，也可制成赤豆沙，或是加工成多种食品。“海门大红袍赤豆”获国家农产品地理标志登记保护。

赤豆纯作

赤豆玉米间作

大红袍赤豆籽粒

赤豆米饭

赤豆粽子

豆沙圆子

（一）基本概况

1. 起源与分布

赤豆系豆科豇豆属一年生草本植物，是籽粒红色的小豆，又名赤小豆、红豆、红小豆等。赤豆起源于中国，是我国主要的食用豆之一。

全国各地均有赤豆种植（除个别高寒山区外），其主产区集中在华北、东北和江淮地区。因世界上赤豆主要种植在东亚温带地区，以中国、日本、韩国为主，因而赤豆有“亚洲作物”之称。

2. 种植历史

赤豆栽培历史悠久。湖南长沙马王堆古汉墓中发掘出已炭化的赤豆种子。

西汉《氾胜之书》详细记载了播种、田间管理及其收获等。

我国人民自古就有食用赤豆习惯。明代医药学家李时珍说赤豆“可煮可炒，可作粥、饭、馄饨馅并良也”。随着时间的推移，赤豆逐渐成为我国传统美食文化中不可或缺的一部分。在唐代，赤豆就已经成为一种非常受欢迎的食材，被广泛应用于宫廷中。到了明清时期，赤豆糯米糍、赤豆汤等赤豆制品也开始流行于民间。并且，在中国传统文化中，赤豆则被视为吉祥和祝福的象征。古人常常将赤豆作为一种礼物，送给亲朋好友，以表达对他们的祝福和心意。

赤豆具有较高药用价值。《中药大词典》中记载，“赤豆种子性味甘酸、无毒，入心及小肠经，有利水除湿、和血排脓、消肿解毒的功效”，主治水肿、脚气、黄疸、便血、泻痢、痈肿等病症。除此之外，还有避瘟疫、治难产、下胞衣、通乳汁的功效。赤豆含有较多的皂草苷，可刺激大肠，有利于通便、利尿；含有较多的膳食纤维，有利于通气、通便，降低胆固醇；富含钾，能利尿和消肿，对防治高血压与心血管疾病有裨益；含铁量较多，能防治缺铁性贫血，有良好的补血效用。此外，赤豆对金黄色葡萄球菌、福氏痢疾杆菌及伤寒杆菌等有明显抑制作用。

3. 利用价值

赤豆是一种具有高蛋白、低脂肪营养特征的药食同源作物，又是食品、饮料加工业的重要原料之一，赤豆及其制品是我国出口的主要农副产品之一。赤豆在农业生产及人民生活中具有独特的作用，它生育期短，耐瘠、耐阴，适应性广，且有固氮养地的功效，并适宜与禾谷类、棉花、薯类等作物间作套种或轮作换茬，从而提高耕地复种指数。

（二）特征特性

1. 形态特征

赤豆为直根系，有主、侧根之分。主根深度约50 cm，最长可达80 cm。侧根从主根上生出，向下斜向生长，入土深度30～40 cm，侧根上生有须根。根系主要分布在20 cm以内的耕作层中，能与根瘤菌共生，固定空气中的氮素。当第1对真叶展开时，在子叶下部主根周围开始着生根瘤，当长出第1～2片复叶时，在主根周围、侧根基部根瘤已相当明显。

植株高30～180 cm，通常有15～20节。每个茎节的叶腋内有芽，中下部芽多形成分枝；上部芽多形成花芽。通常主茎上长出的一级分枝有4～5个，多的可达8～10个。一级分枝上可二级分枝，以此类推。

赤豆的叶分为子叶和真叶。子叶不出土，真叶包括单叶和三出复叶。在子叶以上的节上长出两片对生的单叶，单叶为卵圆形；三出复叶一般顶端的叶片较小，基部两侧的两片叶较大。

总状花序。在主茎或分枝的叶腋间，可长出1～2个总花梗。花黄色，花柄很短，蝶形花冠。赤豆为自花授粉作物，自然杂交授粉率很低，一般不超过1%。

每个荚梗上结荚1～5个，荚果长5～14 cm、宽0.5～0.8 cm，圆筒形、镰刀形和弓形，先端稍尖，种子间有缢痕，无茸毛。荚皮较厚，每荚有种子4～11个。种子两端为楔形或圆形，一般长4～5 mm，宽3～4 mm，粒形有短圆柱、长圆柱和球形等。

2. 生长习性

赤豆是喜温作物，适应范围广。种子在8～10 ℃时即可发芽，最适宜的发芽温度为14～18 ℃，开花结果适温为20～30 ℃，低于16 ℃时会影响花芽分化，导致开花数量减少，并影响结荚。

赤豆耐湿性好，农谚“旱绿豆、涝小豆”，但不是越湿越好，如果土壤水分过多，造成通气不良，影响根瘤发育。空气湿度过大，也会降低品质。赤豆整个生长发育过程中，苗期叶面积小，较耐干旱；花芽分化后需水量逐渐增加，开花结荚期进入需水高峰，此时期如果土壤水分不足或遇天气干旱，会造成大量落花落荚、秕荚小粒；成熟期间则要求气候干燥，如遇有阴湿多雨天气，易造成荚实霉烂。

赤豆是短日照作物，通常日照时间越短，开花成熟越提早，植株变矮，生物产量降低。不同品种对光照长短的要求有很大差异，一般中晚熟品种反应敏感，早熟品种较迟钝。不同的生育阶段对光照反应也有很大差别，一般苗期影响最大，开花期次之，结荚期影响最小。

赤豆对土壤要求不严格，可在各类土壤中种植，轻盐碱地上也能生长。在排水良好、保水保肥力强、富含腐殖质中等肥力的中性黏壤上有利于其良好生长，夏播或无霜期较短的地区以轻壤土为好，春播区或生长季节较长的以黏土或壤土为好。适宜的土壤pH值为6.3～7.3。

3. 品种类型

我国赤豆种质资源丰富，类型多样。

根据栽培制度和种植季节，可分为春播赤豆、夏播赤豆和秋播赤豆。

根据籽粒大小，将赤豆分为小粒种（百粒重小于6 g）、中粒种（百粒重为6～12 g）和大粒种（百粒重大于12 g）。

根据植株结荚习性，可分为有限结荚型和无限结荚型。

根据赤豆生长习性，可分为直立、蔓生和半蔓生三种类型。

（三）区域特色

1. 农耕历史

赤豆在南通地区种植历史悠久，480年前《明嘉靖海门县志》已有关于赤豆种植的记载。崇明、启东、海门一带的“大红袍赤豆”作为赤豆中珍稀的地方良种，则名闻大江南北。

大红袍赤豆因一身红色且鲜艳光泽而得名。关于大红袍赤豆，民间有着许多近乎神奇的传说，其中流传较广的是宋高宗赵构与大红袍赤豆的故事。

话说当年金兵大举进攻，康王赵构和几个随从从金营狼狈地逃了出来，一路直奔到了长江边上，找到一艘船舶要过江南渡，谁知正巧遇到小汛，船被搁浅在江口崇明的一个沙洲上。这时赵构已有一天没吃到东西了，饿得头晕眼花，肚子咕咕直叫。手下一干随行的人员连忙到附近想找点东西解饥，但四周都是荒凉一片，实在找不到什么。手下人没有办法，见到田野里有野生的赤豆，就采了些烧煮给赵构吃。康王嚼着这又细又小、苦涩的赤豆长叹一声："想不到连一点好吃的都找不到，难道真是天亡大宋了吗？"赵构这一叹，惊动了上天，玉帝觉得宋朝气数未尽，赵构命不该绝，所以就让锅中的赤豆一下子变大变红。赵构喝着这红堂堂、香喷喷的赤豆汤十分高兴，连连说："好吃！好吃！"

后来，赵构在临安登基称帝，又想起了崇明沙洲上吃过的赤豆汤，叫御厨去煮，御厨也不知道崇明沙洲的赤豆是何等样子，问起皇上。这天恰逢新科状元发榜授袍，赵构看到状元所穿的大红袍，就说"赤豆什么颜色？就是状元郎的大红袍颜色！"就这样，崇明赤豆以大红袍的名字被传叫开来了。

2. 传统生产

大红袍赤豆种植史上，通过持续种性改良，籽粒品质得到不断提升，这与民间"田状元"之称的刘旦诞大有关系。刘旦诞（1826—1914），海门常乐镇人，一位普通农民，几乎不识字，但他在种田实践中摸索了许多成功经验，引进了许多优良品种，惠泽了一方百姓，被两江总督授予"学稼堂"荣誉匾额。原先这里种植的赤豆由于种性不纯，长得比较小，豆性又比较硬，经过刘旦诞的多年培育变成了而今看到的大红袍赤豆。1910年，南京举办大型博览会——南洋劝业会。清末状元张謇"与地方农商策共进叟所植产"，动员刘旦诞把他所生产的大红袍赤豆、旱稻米等农产品送到大会参展。经过大会评选，大红袍赤豆和旱稻米均获得了银奖。刘旦诞由此成为此次博览会农业展中的佼佼者，还被大会授予特别奖——赠予鎏金的"孝悌力田"匾额一块。

南通地区种植的大红袍赤豆，对光周期不敏感，春、夏均可播种。攀缘蔓生茎。可以纯作，纯作田块通常亩产120 kg左右。与春玉米等高秆作物间作，不另占用土地，通常亩产90 kg左右，这种间作方式是这里比较常见的一种种植模式。

3. 产业发展

大红袍赤豆其颗粒大，色红紫，皮薄、肉细、易酥，遍布于崇明、启东、海门、通州等县市。产品曾行销日本等国家，是传统的出口物资之一。近代以来，已是食品厂（店）制作赤豆棒冰、猪油豆沙汤圆、赤豆糕等特色食品的重要原料。

4. 名特产品

【海门大红袍赤豆】

2018年7月，中华人民共和国农业农村部正式批准对“海门大红袍赤豆”实施国家农产品地理标志登记保护。地理标志地域保护范围包括海门街道、滨江街道、三厂街道、三星镇、临江镇、包场镇、常乐镇、悦来镇、余东镇、四甲镇、正余镇、海永乡。地理坐标：北纬31°46′~32°09′，东经121°04′~121°32′。

外在感官特征：其老熟种子呈长圆柱形，表皮紫红、种脐乳白色、粒粗饱满、皮薄肉厚、质地坚硬，煮熟后软烂易破皮，沙而不黏，口感细腻，有豆的清香。初级产品豆沙其色紫红，其味香糯微甜，柔软不黏，糯而不腻。

内在品质指标：经测定“海门大红袍赤豆”含总淀粉≥46%，蛋白质≥23%。

（四）特色膳食

赤豆通常直接用来做饭、煮粥、熬汤，也可制成赤豆沙，或是加工成多种食品。

赤豆整粒食用，常用于与大米混合，做成日常的赤豆饭、赤豆粥。《崇明县志》曾有每年腊月二十四夜要吃赤豆米饭的记载，用当年收获的新赤豆煮成红米饭，敬供灶王爷品新。相传，赤豆红色，象征火，有威慑鬼怪，驱邪避疫的法力。廿四夜的赤豆饭要多煮一些，一碗抛洒在屋顶上，供各路神仙同享，求得保护。还要有一碗需园到春节吃，象征年年有余。做赤豆饭时，先将赤豆洗净、浸泡、煮熟，捞起后加入适量水，然后与大米同煮。赤豆饭是启东、海门等沙地乡村逢年过节的“吉祥饭”，吉庆待客的“风味饭”，其色紫亮堂、味香粉酥，上口柔软，老少都喜爱。赤豆还可熬成赤豆粥、赤豆羹、赤豆营养汤等，品种丰富多样，当地人也十分喜食。

古时人们认为赤豆能防疫，于是在端午时将赤豆裹粽佐食，这一习俗在南通一直延续至今。

赤豆淀粉含量较高，蒸后呈粉沙性，而且有独特的香气，因而常用来做成豆沙，以供制作各种糕团面点的馅料，如豆沙包子、豆沙汤圆、豆沙饺子、八宝饭、印糕等。赤豆沙的制作有干加工和湿加工等方法，所谓的干加工，就是将干燥的赤豆直接磨成豆粉，用筛子除去豆皮，加工成细干粉；而湿加工，是先将赤豆浸泡，用水煮软、磨碎，然后放入冷水中，使种皮与淀粉（豆粉）分离，用不同筛目的筛子或其他方法将豆皮除去，而后将豆沙干燥。

崇启海的赤豆馅中，最好吃的当属豆沙圆子。相传，起自于宋代的“圆子”，其称呼作为宋代时的古词语，在崇启方言中也被保留下来。圆子最早在民间流行的时候，其馅料都为磨碎的芝麻。由于芝麻产量低，无法用它做馅料，于是民间就想到了当地生产的赤豆来做馅，并由此推而广之。

（五）种植管理

大红袍赤豆应选择粒大饱满、种皮红紫色、脐白色、无病斑、无虫蛀、光滑有光泽的作种子。种植地块要求地势平坦、排灌通畅，土壤有机质含量高、土质疏松、通透性良好，忌连作。生产上，多采用与玉米间作方式种植。根据赤豆的攀缘特性，用玉米秸秆作为支架，宜采用1.33～1.50 m和1.7～2.0 m两种玉米种植组合，这样既能防止赤豆倒伏，又能为赤豆创造良好的生长空间。

1. 整地播种

整地施肥：与玉米间作，玉米应选用早熟、紧凑型、抗倒品种，并按玉米高产要求进行整地、施用基肥，同时做到沟系配套。

适期播种：一般以耕层地温稳定在10～14 ℃时播种为宜。播种前进行选种、晒种，有条件的可用根瘤菌接种。生产上，通常是在3月底至4月初与玉米同播，赤豆穴播于玉米小行中间；或是4月中旬在玉米出苗后穴播于玉米植株中间。赤豆的每穴间距0.4～0.5 m，每穴播种4～6粒。由于赤豆的子叶不出土，播种不宜过深，播深以3～5 cm为宜。播种后及时镇压，以利全苗。

2. 田间培管

间苗定苗：出苗后，出现缺苗断垄的要及时补苗移栽。间苗一般在1叶1心至2叶1心时进行，时间宜早不宜迟。赤豆苗3～4张复叶时进行定苗，每穴定苗2～3株。

肥水管理：玉米收获前7 d左右是赤豆二次分枝期，每亩施用尿素10～15 kg作发棵肥。赤豆初花期每亩施复合肥15～20 kg作花荚肥。赤豆盛花期每亩施尿素5 kg作鼓粒肥。赤豆施肥时，在距赤豆根部15 cm左右开穴施肥，以防伤苗。如遇干旱天气，应进行抗旱，使肥效早发挥。整个生育期中，田间不能出现积水现象，多雨情况下应及时清沟排水。

化学调控：赤豆初花期，每亩用15%多效唑15 g兑水50 kg喷雾。

玉米秸秆处理：玉米收获后，及时割除上半部玉米秆，或将玉米秆5～6株进行绕头扎结，以减少对赤豆的荫蔽。玉米收获后应及时清除玉米行间杂草。

病虫害防治：赤豆病害主要有锈病、叶斑病、褐斑病、白粉病和病毒病等，害虫主要有蛴螬、地老虎、蚜虫、红蜘蛛和斜纹夜蛾等，注意及时防控。

3. 产品收获

赤豆的豆荚枯黄后，可分批采收。生产上，不得带青收获，以提高赤豆籽粒的色泽和品质。赤豆收获后及时晾晒、脱粒、晒种，晒干后及时熏蒸，杀死籽粒中的绿豆象幼虫。

4. 模式技术推介

【赤豆玉米间作多熟复种模式】

以“蚕豆+冬菜/玉米+赤豆/甘薯”为例，秋播蚕豆与冬菜间作，冬菜收获后于翌年春季种植春玉米，春玉米与蚕豆套种，赤豆与玉米间作，甘薯再与玉米套种，从而形成赤豆玉米间作多元多熟周年协调丰产种植模式。该种植模式，蚕豆采收青荚上市，正常情况下每亩可收获青蚕豆荚700 kg，收获冬春蔬菜1 000～1 500 kg、玉米籽粒500 kg、赤豆80 kg、甘薯2 500～3 000 kg。

茬口配置：每1.4 m为1组合。10月中旬播种1行蚕豆，开行定距穴播，蚕豆行间间作1行花菜（或荠菜或青菜）等冬春蔬菜；蔬菜收获后，施肥整地，于3月下旬至4月上旬播种1行春玉米，单行双株，同时每2～3穴玉米间作1穴赤豆，以玉米秆为支架，藤蔓攀缘在玉米秆上；6月底在玉米行两侧起垄栽种两行甘薯。

十四

洋扁豆

篱笆上的沙地“名豆”

主要种植在启东市、海门区等地。传统上多沿篱笆而种，茎蔓缠绕并依附它物攀生，又称“沿篱豆”。大田种植时，多与玉米间作，用玉米秸秆作为支架便于其茎蔓攀缠。采用大棚覆盖种植，能提早结荚，有利于丰产增效。以鲜豆粒（或干籽浸泡发胀后）食用，炒、煮、煨汤均可，清香味美，鲜嫩可口。“启东洋扁豆”获国家农产品地理标志登记保护。

洋扁豆大棚种植

洋扁豆玉米间作

洋扁豆鲜荚

洋扁豆鲜嫩籽粒

洋扁豆炒酱瓜

红烧鲫鱼洋扁豆

洋扁豆、时虾烧茄子

（一）基本概况

1. 起源与分布

洋扁豆系豆科菜豆属一年生缠绕草本植物，别名白扁豆、沿篱豆、蛾眉豆。原产墨西哥南部和中美洲，哥伦布发现新大陆后带到非洲，由非洲传到中国，译名利马豆。

洋扁豆在我国呈零星种植，主要分布在广西、广东、云南、江西、江苏、台湾等省份。

2. 种植历史

洋扁豆引入我国已有300多年。

崇明岛上栽种历史有100年以上，因由西洋传教士带入，故有“洋扁豆”之称。它是一年生蔓性草本豆科植物，因其茎蔓缠绕而依附它物攀生，而得有“沿篱豆”别称。又因其豆脊白色纹路，因而又有“蛾眉豆”的雅名。据明万历《崇明县志》记载，“扁豆有五种”，分别是白扁豆、赤扁豆、黑扁豆、斑扁豆和洋扁豆，唯洋扁豆因其颗粒白皮、白肉、白脐、形状扁平。其他黑、白、赤、斑四色扁豆籽粒粗圆。而如今，崇明人习惯把“洋扁豆”称为“白扁豆”。

3. 利用价值

洋扁豆以鲜籽粒或老豆粒供食用。其鲜籽粒皮薄粒大，肉质细腻，酥糯爽口，营养丰富，所含有的矿物质和维生素等比大部分根茎菜和瓜菜都高。具有滋补调养之功效，夏食消暑提神，冬食补脾养胃。洋扁豆的鲜豆粒还可通过速冻保鲜供应市场，以延长产品市场供应期。

（二）特征特性

1. 形态特征

洋扁豆根系发达，主根发育良好，入土较深。侧根较多，不定根发育良好，根系纵深可达50 cm以上，横向可扩展到30 cm左右。与豇豆属根瘤菌共生，条件适宜时播后20 d左右即可形成根瘤，根上的根瘤呈现姜芽状，以开花结荚盛期时的根瘤数量最多。

攀缘蔓生茎，深绿色，分枝性强，主茎长2 m以上，最长可达4 m甚至更长，具有无限生长习性。

三出复叶，互生，中央小叶柄较长，两侧较短，小叶片先端尖、基部广楔形，全缘，叶脉明显。

腋生总状花序，第一花序着生在主茎第2节或第3节，花序上着生许多小花，花苞、花萼及花冠较小。花为白色，自花授粉，授粉后逐渐转为黄色。每花序可结2～6荚，多的可达10荚以上。

荚果扁平，镰刀状，表面光滑，荚果顶端具短而上翘的喙。荚果初为嫩绿色，老熟后呈灰褐色。每荚含种子2～3粒，偶有1粒或4粒。

籽粒扁平、近肾形，呈白色或黄白色（也有紫红、花斑等），表面光滑，从种脐向外有明显的射线。种皮较薄，出苗时子叶出土。

2. 生长习性

洋扁豆是喜温作物，不耐霜冻。种子在8 ℃以上才能发芽，发芽最适温度为15～20 ℃。开花结荚的最适温度为18～25 ℃，30 ℃以上能开花但结荚减少，32 ℃以上温度时可导致大量落花落荚，夏天高温阶段有明显的“歇夏”现象。植株在12 ℃以下时生长延迟，低于5 ℃时即受冻害，遇霜冻气候则凋萎死亡。

洋扁豆是短日照作物，8～12 h的短日照环境可促进生长发育。植株对光周期不敏感，长江下游沿江地区春播、夏播和秋播均可开花结实。

喜湿润土壤，田间积水或是土壤湿度过高时不利于生长发育，甚至会导致植株死亡。过度干旱或是田间土壤开裂时，植株的开花少，落花落荚增多。

洋扁豆在沙质和黏质的土壤上均可种植，土层深厚、肥沃、排水良好通气的沙壤土有利于其高产、优质。适宜的土壤pH值为5.0～7.5。

3. 品种类型

江苏省东南部的南通沿海地区和上海崇明等地的洋扁豆资源较为丰富。有小粒种，也有大粒种；种皮以白色为主，也有紫红、花斑等。

（三）区域特色

1. 农耕历史

南通的洋扁豆种植主要集中在启东、海门等地。该地区在20世纪30年代引进洋扁豆种植。由于地处沙地，排水良好的沙壤土适宜于洋扁豆良好生长，洋扁豆便迅速发展起来。

在洋扁豆的长期种植中，农民年年自行选种，选取豆荚形状标准、籽粒饱满、单荚籽粒多的洋扁豆进行留种，因而既保持了优良的特征特性和原始的风味口感，又提高了适应性、抗逆性和丰产性。在江海文化丛书东疆风情、启东县志等都有关于洋扁豆的记载，“舌尖上的江苏”采访组采访启东美食，介绍了以洋扁豆为主的多种菜肴，因此洋扁豆在沙地饮食文化中占有重要地位。中国旅游报、新华网长三角频道等都做过有关洋扁豆的报道。

当地乡村还流传许多有关洋扁豆的谜语等故事，例如谜面“爹也长，娘也长，生个儿子火刀长”的谜底就是洋扁豆。洋扁豆的藤蔓很长，被比喻为爹娘，豆荚被喻为火刀，火刀就是在早期没有火柴的年代里用来取火的工具，镰刀状，长8 ~ 9 cm，形状很像洋扁豆。相传，在过去困苦年代，小孩子没有糖果吃，父母亲用洋扁豆煮熟，拌点糖，就成了那个时代小孩子们最喜爱的零食。

20世纪60年代初的三年困难时期，粮食缺乏，农民在篱笆、房舍等种植洋扁豆，采集大量干籽煲粥充饥，度过了饥荒，直至现在农民还习惯用洋扁豆干籽煲粥，既营养丰富，又细腻滑爽，风味独特。

2. 传统生产

传统生产上，洋扁豆大多零星种植。

启东、海门等地的沙地人家，每当清明前后，家家种瓜点豆。农户们将一粒一粒饱满的洋扁豆种子，一穴一穴地种到菜园子里。大约经过1周的时间，洋扁豆发芽破土了，农户们就要用芦苇搭洋扁豆棚，洋扁豆棚一般呈三角形状，顶端有由芦苇扎成的芦把横着，两侧的芦苇交义编成一块块斜格子花纹，样子颇为美观。随着温度的上升，洋扁豆的藤蔓，一天天地往上爬，直至把整个洋扁豆棚覆盖满。

每年夏秋季节长达3个多月时间，都是洋扁豆的收获季节。这期间，洋扁豆棚上一架的洋扁豆花接二连三地绽放，洋扁豆荚果也陆陆续续成熟，经常是前一批还没采摘完，后一批就紧随上来了。从炎炎夏日到寒霜降临，洋扁豆次第结荚，农户们可以持续不断地采摘食用。乡民也可以让其籽粒完全成熟，收获干洋扁豆。

农家的菜园子里有了一棚洋扁豆，那夏秋季近半年的吃菜就多了一份保障。洋扁豆的藤蔓通常不生虫，农户也很少在洋扁豆上喷洒农药，因此，洋扁豆也称得上是绿色蔬菜。

农民种植的洋扁豆往往不愁销路，种植洋扁豆也是农民致富的好路径。在当地的乡下农村，农户们总要种上几棚洋扁豆，三天两头摘下洋扁豆拿到附近的集市上出售。这里市场有专门收购洋扁豆的，一季下来每家农户通常总能卖个好几百元钱。

3. 产业发展

长期以来，洋扁豆多为露地生产，以自给自足、本地消费模式为主。每年的8月以后陆续上市，一直可以持续到11月中下旬。

启东、海门等地有春玉米田间套复种的传统，洋扁豆除大多采用的庭院式种植外，还与春玉米间作，利用玉米秆为支架，藤蔓攀缘在玉米秆上。

随着钢架大棚等设施普及，大棚覆盖种植洋扁豆也得到应用和不断推广，实现了洋扁豆早成熟、早上市。近年来，洋扁豆作为启东、海门等地的名特蔬菜，呈现出连片规模化、高效集约化、特色鲜明化等特征，产品在满足本地市场的同时，还销往江浙沪等外地大中城市，同时部分产品出口东南亚国家。

4. 名特产品

【启东洋扁豆】

2016年8月，农业部正式批准对“启东洋扁豆”实施农产品地理标志登记保护。地理标志地域保护范围包括启东市辖区内的原汇龙、北新、王鲍、合作、吕四港、海复、南阳、惠萍、寅阳、东海、近海、启隆等12个镇（乡）全部陆地区域。地理坐标：北纬31°41′06″至32°16′19″，东经121°25′40″至121°54′30″。

外在感官特征：启东洋扁豆扁平半圆，呈肾形，种皮绿白色，以种脐为中心密布放射状暗纹，豆瓣白色或淡绿色，清香。煮熟后种皮半透明，放射状纹更为明显，豆粒呈浅黄色或淡绿色，糯性微甜，豆香浓郁。

内在品质特色：蛋白质7.5 ~ 9.5 g/100 g，碳水化合物17 ~ 25 g/100 g，脂肪0.50 ~ 0.85 g/100 g，钙46 ~ 90 g/100 g，铁5.7 ~ 40.5 g/100 g。

（四）特色膳食

洋扁豆以鲜豆粒（或干籽浸泡发胀后）作菜用，食用方法多样，炒、煮、煨汤均可，清香味美，鲜嫩可口。

夏秋天的食材中，鲜嫩的“洋扁豆”籽粒皮薄粒大、肉质细腻、酥糯爽口，称得上是一道经典的百搭菜。既可与青皮茄子、冬瓜、黄瓜、菜椒、荠菜等时鲜蔬菜搭配，又可与咸瓜、酱瓜、豆干榨菜、萝卜干混炒，还可以与河虾、鲫鱼、猪肉等同煮，风味独特。荠菜凉拌洋扁豆、萝卜干炒洋扁豆、红烧鲫鱼洋扁豆，咸瓜炒洋扁豆、豆干榨菜洋扁豆、酱瓜洋扁豆炒鸡蛋、洋扁豆茭白丁、肉末洋扁豆等均已成为当地宾馆饭店和酒店宴席上的招牌菜，备受消费者喜爱。

启东、海门、崇明等地，洋扁豆与青皮茄子搭配算得上是最佳，味道尤其鲜美。这里农家人，通常会剥上一碗洋扁豆籽，摘几只茄子，洗净，先把洋扁豆用菜籽油煸一下，倒入清水，大火烧开；接着用中火稍煮，再开大火，趁锅里的汤水翻滚之时，把茄子用刀削块入锅；削完茄子后，可加入河虾或者小虾米之类，再用大火烧几分钟，盛碗前加入适量盐及其他调味品。这样，一碗碧波爽清、汤鲜味美的家常菜“洋扁豆茄子汤”即大功告成。“洋扁豆、时虾烧茄子”则是当地的一道著名农家菜。

“洋扁豆炒酱瓜”是一道十分受欢迎的家常菜，清淡爽口。先将洋扁豆去壳、洗净，把酱瓜切碎，用清水浸去咸味后捞出、沥干，洋扁豆放水煮熟盛出，锅里加油烧热后放入姜、蒜，辣椒爆香，放入切碎的酱瓜加糖煸炒 2 min，放入洋扁豆煸匀，现加点鸡精、葱花混匀即可。

用洋扁豆干籽煲粥，既营养丰富，又细腻滑爽，风味独特，也已是当地的传统特色小吃。

（五）种植管理

洋扁豆有直播和育苗移栽两种种植方式，可以纯作也可与其他作物间作。农户宅前屋后庭院种植的洋扁豆大多露地直播、搭架爬蔓。大田生产上，普遍采用玉米棵间间作洋扁豆种植模式，洋扁豆藤蔓以玉米秆为支架攀缘生长，省工节本，经济效益高。

1. 整地播种

整地施肥：纯作田块，在大田播种（或移栽）前10 d，施用基肥、耕翻，并整地作畦。通常每亩施腐熟人畜肥、灰杂肥等有机肥1 000～2 000 kg、复合肥50 kg，深翻18～20 cm，然后精细整平，深沟高畦，并开挖好排水沟。玉米棵间间作的，按玉米高产要求进行整地施肥、沟系配套。

适期播种：洋扁豆一般在3月下旬至4月底播种。纯作田块，通常行距105 cm左右、穴距25 cm左右，或是行距70～80 cm、穴距40 cm左右，每穴2株。每亩密度在4 000～5 000株。玉米棵间间作的，可与春玉米同时播种，也可以在玉米出苗后播种在玉米棵间，一般每5～6穴玉米间作1穴洋扁豆，每穴下种3～4粒，每亩间作1 500株左右，以玉米秆为支架，藤蔓攀缘在玉米秆上。

2. 田间培管

引蔓整枝：纯作田块，应注意多中耕、勤中耕。植株5～6片叶时，及时搭架，并引蔓上架。以2 m左右长度的竹竿或芦苇秆搭成“人”字形架，中间每隔2 m左右用较粗的竹竿或木桩作柱子加固棚架，然后均匀引蔓，使藤蔓分布均匀。为保证主蔓粗壮，每个主株只留2个以下分枝，其他侧枝应在早期2～3叶时彻底抹去；主、侧蔓高1.7 m左右时，及时打顶。歇夏后及时间苗，每穴只留1株，以防秋蔓过多。玉米棵间间作的，洋扁豆出苗后应及时引蔓，让洋扁豆蔓攀缘在玉米植株上。玉米成熟后及时采收，采收后将每2～3穴玉米植株的上半部分缠绕起来，便于洋扁豆藤蔓攀缘。

肥水管理：在施足基肥的基础上，开花结荚前以控为主，正常情况下基本不施肥，以促进花芽分化。结荚后进行追肥和叶面施肥。结荚期间，如遇干旱气候需要勤浇水。植株行间用秸秆覆盖，以保持土壤湿润。纯作田块，春季结荚时每亩施用45%三元复合肥10 kg，秋季气温降低再次开花结荚后，每亩再施一次45%三元复合肥5～10 kg。玉米棵间间作的，开花结荚期每亩施尿素15 kg，同时每亩用0.2%磷酸二氢钾叶面喷施2～3次。

病虫害防治：洋扁豆病虫害较少，主要有蚜虫、红蜘蛛、豆荚螟和病毒病等，注意及时控防。

3. 产品收获和贮藏

洋扁豆收获

洋扁豆从开花至采摘嫩荚果一般需15 d左右，嫩荚采摘标准是荚果生长基本定型，豆荚饱满，荚色深绿色，豆粒充分膨大，籽粒呈现白色并带有绿丝。采收商品干籽粒的，要在荚色转黄后采收。洋扁豆留种田，结合更新复壮，在开花结荚期及时除去杂株、病弱株，在成熟期，采摘荚型扁平、淡黄色、荚长8～10 cm、荚宽2 cm左右的干果荚，脱粒后晒2～3 d，留作种子。

洋扁豆贮藏

洋扁豆鲜籽粒贮藏有带荚贮藏、鲜籽粒贮藏和鲜籽粒速冻贮藏等方式。一是鲜籽粒带荚贮藏。在自然条件下摊晾，注意不宜密封保存，时间不要超过4 d，若在1～5 ℃环境下冷藏，存期不宜超过7 d。二是鲜籽粒贮藏。随环境温度降低保存期有所延长，16～25 ℃条件下可保鲜4 d，5 ℃条件下可保存20 d。三是鲜籽粒速冻贮藏。将鲜粒洋扁豆分等分级，随后进行蒸汽杀青，进冷库冷藏，可供在元旦、春节上市。

4. 模式技术推介

【洋扁豆大棚高效种植】

洋扁豆大棚种植，以争“早”为目标，通过提早播种、提早结荚，实现产品采收期的大幅度提前。

塑钵育苗：1月下旬至2月上旬采用基质塑钵育苗，每钵播种2粒，每亩育苗1 850棵左右，苗龄25～30 d。

大棚定植：定植前每亩施优质农家有机肥2 000～3 000 kg、45%三元复合肥50 kg作基肥，均匀撒施大棚内，耕翻平整。按行距150 cm作畦，畦中间排放滴管，畦面覆盖黑色地膜。洋扁豆幼苗2～3片真叶时定植。畦面居中按株距50 cm栽植1行，栽植深度以子叶露出地面3 cm为宜，定植后浇足团结水。

温度管理：定植后5～7 d不通风或少通风，白天气温25～30 ℃、夜间15～18 ℃；缓苗以后至开花结果期，白天25～28 ℃为宜，夜间15 ℃以上。5月上旬第一批洋扁豆采收后，大棚内白天气温25～28 ℃、夜间15 ℃，超过该温度时要揭膜通风。出梅以后把薄膜全部揭去，防止高温、高湿。

肥水管理：定植后1周浇1次缓苗水后，轻施苗肥，每亩追施尿素5 kg，抽蔓后控制浇水追肥。开花结荚期，每亩追施磷酸二铵30 kg。同时根外施肥，每亩用0.2%磷酸二氢钾于晴天16：00以后叶面喷施，每隔5 d喷一次，共喷2～3次。如遇干旱采取膜下浇水。

吊蔓引蔓：抽蔓20 cm左右时吊蔓，用尼龙绳或编织带一端轻轻拴住秧苗基部，另一端吊在棚内顶部拉铁丝上，使植株藤蔓“S”形缠绕。促使藤蔓向空中发展、分布均匀。

整枝化控：生长中后期如有旺长趋势，应适当整去部分幼嫩分枝，保持结荚枝蔓分布合理。同时每亩用多效唑20 g兑水20 kg叶面喷施，每隔5～7 d喷施一次，共喷2～3次，促进藤蔓短壮。

十五

薄　荷

飘香世界的道地药材

南通是苏薄荷的道地产区。海门以及通州的张芝山地区曾经是薄荷的主要种植区域，生产的薄荷品质优、产量高，在世界香精香料界有“亚洲之香”之称。20世纪80年代中期，南通薄荷厂的薄荷脑产量占全国三分之二，出口占据全国半壁江山。曾有这样描述：“世界薄荷看亚洲，亚洲薄荷看中国，中国薄荷看江苏，江苏薄荷看南通。”

薄荷大田种植

薄荷盆栽

薄荷叶泡茶

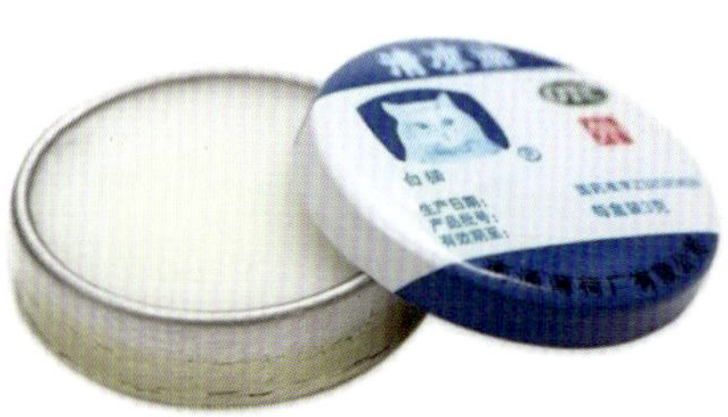

“白猫牌”清凉油

（一）基本概况

1. 起源与分布

薄荷系唇形科薄荷属多年宿根性芳香草本植物。原产于北温带，最早期出现在欧洲的地中海地区及西亚一带。

薄荷广泛分布于北半球的亚热带和温带地区，我国各地均有分布，主要产于江苏、河南、安徽和江西等地，江苏省为薄荷的药材道地产区。

2. 种植历史

薄荷在我国有着悠久的栽培历史。民间很早就将鲜薄荷作为蔬菜食用，后有人将薄荷叶晒干后泡茶，自唐开始薄荷正式具有“药物”的身份。薄荷始载于唐代孙思邈《千金食治》中，名为蕃荷菜，书中记述：“味苦、辛，温，无毒。可久食，却肾气，令人口气香絜。主辟邪毒，除劳弊。形瘦疲倦者不可久食，动消渴病。”直至宋代栽培越发普遍，本草典籍中也出现了多个品种的薄荷，如胡薄荷（新罗薄荷）、石薄荷、龙脑薄荷等，其中，有的药食两用，有的只作茶饮，功效用法各有不同，其产地也有几种在江浙一带。

发展至明代，本草中明确记载了薄荷的道地产区之一是江苏苏州。明代《本草品汇精要》写道：“惟一种龙脑薄荷，于苏州郡学前产之，盖彼逶势似龙，其地居龙脑之分，得禀地脉灵异，故其气味功力倍于他所，谓之龙脑薄荷。非此则皆劣矣。”开始明确了以江苏地产薄荷味佳。随后，苏州便作为薄荷药材的优质产区一直沿用了下来，入药品种也逐渐统一成现今的，唇形科植物薄荷。近代以来，以江苏太仓、南通等周边地区出产薄荷质量最佳，称“苏薄荷”，因其品质佳被列为道地药材。

3. 利用价值

薄荷全株青气芳香，是一种有特殊经济价值的芳香作物。

薄荷化学成分丰富，主要化学成分有挥发油、黄酮类、有机酸和氨基酸等，以薄荷醇和薄荷酮等挥发性成分为主。据测定，鲜茎叶含挥发油约1%，干茎叶含1.3%～2%。挥发油中含左旋薄荷脑77%～87%、L-薄荷酮8%～12%及醋酸薄荷酯约3%，薄荷中铝、铁、钠、锌等含量较高，具有药用和食用的双重功能。在日常生活中已被广泛应用于制药、食品以及香料等多个领域。

薄荷全草可入药，性辛、凉，气香，入肺、肝经，有疏散风热，清热解表，祛风消肿，利咽止痛之功效。常用于风热感冒，头痛，目赤疼痛，咽喉肿痛，麻疹透发不畅等。

薄荷主要食用部位为茎叶，可用于汤类、肉类、鱼类和甜点的调味，可泡茶，也可生吃或榨汁服用。

（二）特征特性

1. 形态特征

薄荷茎直立，植株高30 ~ 60 cm，下部数节具纤细的须根及水平匍匐根茎，锐四棱形，具四槽，上部被倒向微柔毛，下部仅沿棱上被微柔毛，多分枝。

叶片长圆状披针形、披针形、椭圆形或卵状披针形，通常长度3 ~ 5 cm、宽度0.8 ~ 3 cm，先端锐尖，基部楔形至近圆形，边缘在基部以上疏生粗大的牙齿状锯齿，侧脉5 ~ 6对，与中肋在上面微凹陷，下面显著，上面绿色；沿脉上密生余部疏生微柔毛，或除脉外余部近于无毛，上面淡绿色，通常沿脉上密生微柔毛；叶柄长2 ~ 10 mm，腹凹背凸，被微柔毛。

轮伞花序腋生，轮廓球形，花时径约18 mm，具梗或无梗，梗可长达3 mm，被微柔毛；花梗纤细，长2.5 mm，被微柔毛或近于无毛。花萼管状钟形，长约2.5 mm，外被微柔毛及腺点，内面无毛，10脉，不明显，萼齿5，狭三角状钻形，先端长锐尖，长1 mm。花冠淡紫色，长4 mm，外面略被微柔毛，内面在喉部以下被微柔毛，冠檐4裂，上裂片先端2裂，较大；其余3裂片近等大，长圆形，先端钝。雄蕊4枚，前对较长，长约5 mm，均伸出于花冠之外，花丝丝状，无毛，花药卵圆形，2室，室平行。花柱略超出雄蕊，先端近相等2浅裂，裂片钻形。花盘平顶。

小坚果卵珠形，黄褐色，具小腺窝。花期7—9月，果期10月。

2. 生长习性

薄荷是浅根性植物，根茎大部分集中在土壤表层15 cm左右的范围内，根茎和地上茎均有很强的萌芽能力和吸收能力，生产上利用其特性作为良好的无性繁殖材料。

喜温暖潮湿、阳光充足和雨量充沛的环境，对环境适应性较强，生于水旁潮湿地，在海拔2 100 m以下地区都可以生长。根茎在5～6 ℃即可萌发出苗，植株生长的适宜温度为20～30 ℃，地下根茎在-30～-20 ℃的情况下仍可安全越冬。

薄荷对土壤没有特别的要求，在半沙壤土、壤土和腐殖质土上均可种植，土壤条件一般以疏松、肥沃、湿润的夹沙土或油沙土较好。

薄荷喜肥，尤以氮肥为主，忌连作。

3. 品种类型

最常见的薄荷栽培品种有青茎和紫茎紫脉两个品种。

青茎品种：植株茎上部呈青色，叶短、卵圆形、有光泽，株矮、分枝多，高产特性明显。

紫茎紫脉品种：植株茎为深紫色，叶长圆形、锯齿尖而密，分枝较少，产量低于青茎，但油的含脑量高出青茎。

（三）区域特色

1. 农耕历史

南通薄荷种植历史已有470多年。从前，只有野生薄荷，家前屋后到处滋生。夏天，人们喜欢用野生薄荷叶擦身上的痱子，擦了很凉爽。还可作中草药，以治疗感冒、发热、咽喉肿痛、风火赤眼、皮肤发痒等症，很有功效。

1932年，南通薄荷开始进入大规模商品生产。1932年10月，在太仓县农场工作的海门三星镇人张渭滨开始提倡种植薄荷。他从太仓运回薄荷根试种4亩地，在种植管理和收获等环节摸索到了技巧，还找到吊油的办法及销售的门路，与上海永盛薄荷油公司挂钩做生意。由于薄荷收益高、虫害少、好培管，吊油容易，销路广阔，加之那时棉花歉收，于是三星镇一带薄荷种植面积逐渐增多。1934年薄荷地已扩张到100多亩。1936—1937年，薄荷种植面积激增，从三星扩张到天补、三和，向西到姜灶、川港一带，并有许多地方设置锅灶代客吊油。1938年后薄荷面积持续扩大，东到大洪、三厂，西至通州各乡，南起长江边，北迄二甲、三余，东西百余里的通海地区广泛种植薄荷，面积达30万亩，总产油量近800 t。而随着太平洋战争爆发，薄荷原油无法出口，价格惨跌，面积逐年减少。虽抗战胜利后，全国各地又恢复种植，但在敌伪残酷统治下，海门薄荷油业日趋衰落，至中华人民共和国成立前夕，已经奄奄一息。

中华人民共和国成立，海门以及通州的张芝山地区的薄荷得到发展，并成为南通薄荷的主要种植区域，国家一度实行的奖售政策调动了农民种植的积极性，每年8月和11月的两熟制收割是农民们最为开心的时节。20世纪80年代，有这样一句话描述南通："世界薄荷看亚洲，亚洲薄荷看中国，中国薄荷看江苏，江苏薄荷看南通。"

自20世纪90年代起，因印度、巴西等国薄荷种植的扩大，国际市场竞争加剧，薄荷油收购价格下跌。加之通海地区家纺产业的兴起，农民种植薄荷的积极性每况愈下，南通地区的薄荷种植面积急剧减少。

2. 传统生产

南通土地肥沃，气候适宜，尤其在薄荷现蕾到收割期间，晴热少雨、光照足的有利气候条件和砂质壤土的环境，所生产的薄荷品质优、产量高，在世界香精香料界有"亚洲之香"的美称。

3. 产业发展

南通作为薄荷重点产区，1960年建立薄荷厂。1969年，国家轻工部将其确定为国家定点的专业工厂，承担全国内外销薄荷脑油的加工任务。"白猫牌"薄荷脑油成为国际市场上的畅销商品。20世纪80年代中期，南通薄荷厂的薄荷脑产量占全国2/3，出口占据全国半壁江山，每年的利润达四五百万元，是南通有名的利税大户。美国麦肯求斯公司的老板曾这样评价南通薄荷厂："世界一流的企业，做出了世界一流的产品。""白猫牌"清凉油、风油精也是市场上的抢手货。

目前薄荷在南通几近绝迹。2002年南通薄荷厂改制，除极少部分从安徽等地购买外，大多数的薄荷油原料都从印度进口，经过精炼加工成薄荷脑以及风油精、清凉油等产品。

当南通薄荷作为传统行业日渐式微时，国内首创的薄荷文化展览馆在南通诞生。坐落在南通·1895文化创意产业园的"江海传奇薄荷文化展览馆"里，薄荷的清凉气息弥漫其间，沁人心脾。不仅有可尝可品的薄荷糖、薄荷糕、薄荷酒、薄荷茶，还有让人神清气爽的薄荷鼻通、水培的薄荷盆栽、含有薄荷精华的化妆品等跨界文化创意产品。除薄荷文化交流展示中心外，展览馆还有薄荷工坊、薄荷传统工艺研究保护中心、薄荷主题茶餐厅等。

薄荷作为南通的一个传统农产品、工业品原料，如今将与文创产业跨界融合。2023年，《南通薄荷油提炼技艺》入选江苏省第五批省级非物质文化遗产项目名录。

（四）种植管理

薄荷大多采用根茎繁殖、插枝繁殖、分株繁殖等无性繁殖方式。生产上，应选择土地肥沃、排水良好的沙质土壤里种植。

1. 整地定植

施肥整地：种植前每亩施用腐熟有机肥2 000 ~ 2 500 kg做基肥，均匀撒施，深翻土壤，耙平整细，开沟作畦，畦面宽140 ~ 200 cm。做到田间沟系配套。

适期定植：霜降至翌年立春前后均可进行。但提前到冬季下种，可促使翌春早抽芽，提高产量。种植方法分切根和整条种两种。畦开直沟，切根种的沟距17 cm，沟幅7 ~ 10 cm，深10 cm，将选好的地下茎撒在沟里；整条种的沟幅27 cm，两行排列，行距13 cm，将种茎两行排入沟底。下种后，覆盖一层细土、细沙或磨糠，厚约6.5 cm，稍加镇压。下种时应保持土壤一定湿润，否则种茎内的水分被干土吸收，影响抽芽发育。

2. 田间培管

匀苗补苗：4月间，苗高10 ~ 13 cm时匀苗，保持株距10 ~ 13 cm，将匀出的苗补足缺株空隙处。

中耕施肥：薄荷主要采用叶茎，因而必须施足氮肥，促使茎叶繁茂。一般苗高7 ~ 10 cm时，淋施1次稀薄粪水；苗高17 cm时，再追肥1次。每次追肥须结合中耕除草，促使土壤疏松，以利薄荷根系伸展。一般每亩施用腐熟粪尿400 ~ 600 kg。4—5月，如薄荷生势较差，可追施硫酸铵5.0 ~ 7.5 kg，以提高产量。肥料一般在4月中旬前施用，追肥过迟会造成枝干徒长。注意防止雨天踏伤薄荷种根，否则会导致植株枯萎而死。

及时打顶：立夏前后，视植株生长情况进行打顶。植株高度在34 cm以上的，剪去梢10 ~ 13 cm；植株高度34 cm左右时割去7 cm左右；植株高度不足34 cm的，可摘去顶尖；植株高度只有17 ~ 20 cm，不需要打顶。

抗旱防涝：薄荷耐旱力强，但土壤极度干旱时需及时浇水。多雨天气下，及时排水，注意防涝。

病虫害防治：薄荷主要病害有锈病、白星病和黑秆病等，主要虫害有尺蠖、地老虎和甜菜夜蛾等。注意及时防控。

3. 产品收获

薄荷通常采收两次。第一次在大暑前后，薄荷顶叶成宝塔形，叶色深绿，基部少部分叶片变黄，油胞明显时进行收割，俗称“头刀”。收割过早，茎叶嫩，出货率低，叶面旋卷，茎尖下垂，油分不足，晒干后，不易回润，易引起脱叶损失；收割过迟，脱叶、空茎、油少。第二次采收在霜降时，当花完全盛开、叶片厚、叶面油深发亮、叶片略呈下垂时为采收适期，称为“二刀”。

薄荷收割应选择晴天上午、早露未干时进行，用镰刀把薄荷茎就地齐平采割。割回后放于石板地或干净的沙子地上，薄薄摊开暴晒，晒到中午翻一次，使之均匀接受阳光，力求颜色一致。这样连续晒几个太阳，然后堆于屋内地板回一下潮，再晒干即成。如遇雨天，可摊开扎成小把挂于通风处，待晴天再晒。最后扎成小把，用篾篓装，置通风处，防止潮湿与烈日暴晒，勿使干燥脱叶或霉黑、虫蛀等。

4. 模式技术推介

【“油菜+薄荷/玉米”多熟种植模式】

该模式秋播时油菜和薄荷间作，油菜收获后再种植玉米。通常情况下，该模式每亩收获油菜150 ~ 200 kg、薄荷原油15 kg、玉米500 kg。

茬口配置：油菜于9月下旬播种，11月上旬移栽，行距1 m，株距10 ~ 15 cm，每亩5 000 ~ 7 000株，翌年5月中下旬收获。薄荷于11月上中旬播种，行距20 ~ 25 cm，每亩播种种根130 kg左右，确保每苗基本苗5万 ~ 6万株，翌年3月上中旬出苗，7月下旬收头刀薄荷，10月下旬收二刀薄荷。玉米于5月中旬育苗，6月上中旬大小行移栽，大行距1.5 m，小行距25 ~ 30 cm，株距14 cm，每亩移栽4 500株左右，9月上旬收获。

十六

浙贝母

“嫁入”江海地的药材

20世纪60年代由浙江引入，是南通地区种植面积较大的一种中药材。主要种植在海门区、海安市和如东县等地，南通已成为浙贝母“异地集中过夏”种用鳞茎最主要的生产地之一。采用原地越夏保种的，在植株枯黄前，通常在贝母行间套作大豆等浅根作物，以遮阳降温并提高复种指数。

浙贝母大田种植

浙贝母开花

浙贝母全株

浙贝母的地下鳞茎

（一）基本概况

1. 起源与分布

浙贝母系百合科贝母属多年生草本植物，因产自浙江等地而得名，别名浙贝、土贝母、象贝、大贝母，多为栽培品。浙贝母原产于浙江象山，现分布于浙江鄞州区、江苏、浙江和湖南等地。

贝母属植物在全世界约有140种，我国分布有20多种，除少数物种外，几乎全部药用。

2. 种植历史

浙贝母在我国栽培历史悠久。“贝母”之名最早著录于东汉时期的药学著作《神农本草经》。现代考证，中国早期的贝母可能来源于葫芦科的假贝母，约在唐代之后百合科贝母属植物逐渐取代葫芦科的假贝母成为中药药用的主流药材。

《本草经集注》记述：“形似聚贝子，故名贝母。断谷服之不饥。”根据形状描述，可推断此书所载的贝母为浙贝母。唐代苏敬《新修本草》记载：“贝母，此叶似大蒜，四月蒜熟时采，良。……江南诸州亦有，味甘苦不辛。”其中产江南者是浙贝母。明代《本草汇言》记述：“贝母，开郁、下气、化痰之药也……至于润肺消痰，止嗽定喘，则虚劳火结之证……必以川者为妙。若解痈毒，破癥结，消实痰，敷恶疮，又以土者为佳。”据考证，这里的“川者”指四川产的贝母，“土者”指浙江产的贝母。至此，川、浙贝母始以产地冠名区别开来，时至今日，这两个品种仍然是药用贝母的重要品种。

《本草纲目》以前的历代本草著作中都统称贝母，没有说明何地贝母优质。直至明代《本草汇言》始有“川者为妙”之说。《本草从新》里说：“川产最佳。”自此才有川贝、浙贝、土贝之分。清代《轩岐救正论》才正式有浙贝母之名，开始转引为家种。临床医家从实践中认识到浙贝母疗效独特，并广泛使用，使其逐渐成为药材市场中的主要药材之一，被人们称为道地药材。

3. 利用价值

浙贝母是我国传统的中药材，以鳞茎入药，有清热、润肺、散结、止咳、化痰等功效，具有很高的药用价值。浙贝母可以制成糕点、粥等草药食品、草药茶饮品等，也可以作为草药配料被用于煲汤，以发挥其独特的功效。

浙贝母还具有很高的观赏价值。

（二）特征特性

1. 形态特征

浙贝母属浅根植物，根系多分布于25 ~ 30 cm深的土层中。

地下鳞茎球形或扁形，白色，上下微凹入，常由2 ~ 3枚肥厚的鳞片对合而成，直径2 ~ 6 cm；一般一个鳞茎有2个心芽；鳞片和心芽着生在鳞茎盘上。

植株高50 ~ 80 cm。茎单生，直立，圆柱形，光滑无毛，有蜡质。

单叶，无柄。叶在最下面的对生或散生，无柄，向上常兼有散生、对生和轮生，近条形至披针形，先端不卷曲或稍弯曲。

花单生于茎顶或上部叶腋间，有短梗，花梗长1.0 ~ 1.5 cm；一般植株有3 ~ 9朵花，总状排列，开放时下垂，钟状；花被6片，排成两轮，长倒卵形或卵圆形，先端短尖或钝，淡黄色或黄绿色，具有细微平行脉，内面并有淡紫色方格状斑纹；雄蕊6枚，花药基部着生，外向；雌蕊1枚，子房3室，每室有多数胚珠，柱头3枚。

蒴果，卵圆形，直径约2.5 cm，有6条较宽的纵翅，成熟时室背开裂，每果有种子50 ~ 100粒。种子扁平，近半圆形，边缘具翅，淡棕色，千粒重约3 g。花期3—4月。果期4—5月。

2. 生长习性

浙贝母喜温凉的气候环境，稍耐寒，忌高温干燥。

根生长所需要的温度7 ~ 25 ℃，以15 ℃左右较适宜，25 ℃以上抑制根生长。在休眠期不定根主要受高温的影响。出苗要求平均地温6 ~ 7 ℃，持续7 ~ 10 d。地上部分生长发育要求的温度4 ~ 30 ℃，当气温在17 ℃左右时茎叶生长迅速，气温超过20 ℃时生长趋缓，并随气温继续增加时茎叶逐渐枯萎，当气温低于4 ℃时茎叶则停止生长。植株开花的适宜气温在22 ℃左右。

生长期间要求土壤湿润，土壤水分不足或过多均可造成植株生长不良，影响产量和质量。整个植株生长要求土壤含水量为10%～30%，以25%左右为宜，低于10%不能发根，低于6%不能生长。越夏鳞茎的土壤含水量要控制在20%以下。

鳞茎和种子均有休眠作用。鳞茎经从地上部枯萎开始进入休眠，经自然越夏到9月即可解除休眠。种子在5～10 ℃温度下2个月左右，或经自然越冬可解除休眠。因此，生产上多采用秋播。种子发芽率一般在70%～80%。

3. 品种类型

浙贝母原产于浙江宁波象山，少有野生，野生资源分布于天目山脉。目前药材来源于人工栽培，其主产地分布于浙江、江苏，福建、江西也有少量种植，其中浙江主要有鄞州、磐安、缙云等地，江苏主产地主要有南通、苏州、泰州等地。各产区许多地方栽培品种多为自然变异。

栽培品种主要有狭叶种、宽叶种和多籽种等类型。

狭叶种类型：主茎2株。二秆2株。叶狭长，尖端有明显弯曲，叶色深绿，叶背面有蜡质。花被片内侧稍有紫色网纹。鳞茎表皮黄白色，底部凹陷。

宽叶种类型：主茎2株。二秆较少。叶片较宽，尖端微弯曲，多为轮生，无蜡质。花被片内侧明显有深紫色网纹。鳞茎表皮乳白色或奶黄色，鳞叶多2枚，抱合较狭叶种紧。

多籽种类型：多主茎，3株以上占80%。二秆多，5～6株。叶狭长，尖端有明显弯曲，叶色深绿，叶背面有蜡质。花被片内侧稍有紫色网纹。鳞茎小，多呈不正扁球形，鳞叶2枚，表皮黄白色。

（三）区域特色

1. 农耕历史

浙贝母于1968年引入南通地区的通州、海门、如东等地种植。

生产上，浙贝母多采用鳞茎繁殖，而鳞茎增殖倍数低，通常为1.6～1.8倍，因而每年需要大量的种用鳞茎。

江苏南通大田越夏的浙贝母种茎引入浙南地区作种，比浙江产区自留种高产。通过产自江苏南通和浙江文成两个地区的浙贝母种茎，在浙南地区的种植表现分析看出，南通种茎在浙南地区的枯萎期比浙江文成种茎要推迟

8～10 d，更有利于营养物质的积累和次生代谢产物的合成，这与道地产区药农“早出苗1 d，不如迟枯萎10 d”的生产经验相符合。通过上述两地鳞茎比较发现，江苏南通种植的鳞茎营养元素总体水平都显著高于浙江文成，究其原因，可能是由于江苏南通土壤呈碱性，全氮、全磷、有机质及水溶性钙、镁含量较高，有利于鳞茎总体营养水平增加，从而有利于高产。而且，江苏南通产浙贝母种茎的外表光滑油亮，没有病虫害。

因此，南通成为浙贝母“异地集中过夏”种用鳞茎最主要的生产地之一。

2. 传统生产

传统生产上，浙贝母大多在房前屋后种植，大规模种植较小。

历史上，浙贝母价格波动幅度大且波动比较频繁。以2000年以来为例，近25年来浙贝母大体经历过两次大的行情变化，最高价（2003年涨至240元/kg）和最低价（2009年跌至17～18元/kg）相差达13倍多。自2010年开始进入价格上升通道后，价格频繁出现波动。2014年产新后涨至155元/kg左右，2015年下半年逐渐从高价跌落至10月55元/kg左右。2016年回升至75～80元/kg，2017年从80元/kg逐渐下滑至65～66元/kg，2018年从62元/kg跌至45元/kg左右，2019年在36～40元/kg间浮动，2020年从40元/kg下滑至30～32元/kg，2021年从34元/kg小幅回升至45～46元/kg，2022年从47元/kg涨至60元/kg左右，后又回调至52～54元/kg。2023年浙贝母价格稳中有升，由产新前的64元/kg涨至8月的110元/kg左右。

浙贝母是南通地区种植面积较大的一种中药材，最高年份每亩产值曾达10万元以上，虽然年份之间市场价格波动较大，但总体经济效益较高。海门区德胜等地推广的浙贝母与葡萄间作，同时在浙贝母倒苗后再种植一茬青毛豆的间作套种栽培模式，合理地发挥了浙贝母地上生长期短，植株矮小，适度遮阴有利于生长等特点，充分利用了葡萄架下的土地资源和浙贝母倒苗至采收的空茬，即使在浙贝母行情不太好的情况下，也可由葡萄和青毛豆来加以弥补，经济效益显著。

3. 产业发展

南通地区的浙贝母种植一直得到延续，并在海门、海安、如东等地形成了一些浙贝母种植的专业村和规模化种植户。海门区常年种植贝母等中药材

7 000亩左右。

海安市滨海新区来南村和如东县岔河镇振河村是远近闻名的药材村，其中来南村浙贝母种植面积达到3 000多亩，平均年销售额超亿元。中央电视台财经频道2020年5月28日早晨播出的《第一时间》栏目，关注了该村3 000多亩浙贝母进入收获季，村民们一方小板凳、一把小铁锄，埋头挖贝母成为田间地头的独特风景。

（四）种植管理

浙贝母主要采用鳞茎繁殖。种植时宜选地势高燥、排水良好、土层深厚、肥沃疏松的沙质壤土，最好是大豆、玉米等作物茬口，重茬种植最多不要超过3年，否则会导致严重病害。

1. 整地播种

施肥整地：翻耕耙细后做成拱形畦面，畦宽1.5 ~ 2.0 m，畦高15 cm。每亩施用腐熟有机肥1 500 ~ 2 000 kg、饼肥100 kg和过磷酸钙25 kg，作畦时撒施畦面，以土覆盖。田间沟系配套，间距25 m开横沟，沟深40 ~ 50 cm；间距9 ~ 10 m开竖沟，沟深30 ~ 40 cm。

适期播种：通常在旬平均温度低于25 ℃时，也就是在贝母鳞茎将要生根时栽种。9月中旬至10月上旬，挖出自然越夏的种茎，选鳞片抱合紧密、芽头饱满、无损伤和无病虫害的鳞茎，按大小分级分别栽种。先栽种子田，后栽商品田。栽种不能过晚，否则植株矮小，产量低。

合理密植：种植密度与深度应视种鳞茎的大小而定。为便于间套作，一般行距15 ~ 20 cm，株距为种鳞茎直径的2 ~ 4倍，种植深度为种鳞茎高度的2.5 ~ 3.0倍。注意事项：保持适宜的种植深度是为了避免地表高温的影响，另外由于土壤自然重量压力还可使鳞茎组织致密，鳞片相互抱得紧，增强对不良环境的抵抗能力。采用浅沟条栽法，先在畦面上横向拉线开沟，沟深6 ~ 8 cm，沟底须平直，摆放种鳞茎应芽头向上、并力求齐。覆土后践踏严紧。用种量因种鳞茎大小而异，一般每亩用种300 ~ 400 kg。

2. 田间培管

中耕除草：播种后、出苗前可选用除草剂进行封闭除草。为保持土壤疏松和减少杂草生长，结合施肥进行中耕除草，保持土壤疏松。植株封行后，可用人工拔草。

肥水管理：浙贝母栽种后，气温渐渐下降，一般年内只长根不出苗。翌年2月初，当地温在6～10 ℃时，幼芽开始出土。“冬至”前后施用腊肥，每亩施腐熟人粪尿750～1 000 kg，再加施75～100 kg饼肥，盖薄土后再铺厩肥1 500～2 500 kg，以提高地温和改良土壤。苗齐时，每亩泼浇人畜粪1 000～1 500 kg或尿素7.5～10.0 kg；现蕾时，按相同施肥量再施一次。有条件的在打花后再施一次“花肥”，每亩施人粪尿1 500～2 000 kg或硫酸铵10～15 kg，可延迟植株枯萎。浙贝母生长季节，土壤过干过湿都不利于生长。土壤干旱时，要注意灌溉。多雨天气，要疏通沟系，及时排水。

摘花打顶：植株开花时，将其花梢打去，可促进分枝茂盛，促使有机养分向鳞茎输送。摘花通常在3月中下旬，当花茎下端2～3朵花初开时，选晴天将花和花蕾连同顶梢一同摘除，打顶长度8 cm左右。

病虫害防治：浙贝母病害主要有灰霉病、霜霉病、黑斑病等，虫害主要有蛴螬、蝼蛄和地老虎等，注意及时防控。

过夏期间管理：避免让太阳直接暴晒地表，应因地制宜套种瓜类、豆类、玉米、蔬菜及甘薯等作物进行遮阴，要设法降低地温，使地下鳞茎处于凉爽的环境，防止地下鳞茎烫死而腐烂。需要注意的是，套种作物必须在浙贝母栽种前收获。此外，过夏期间要尽量避免人、畜进入踩踏，踩踏后会造成土壤坚实下陷，容易造成局部积水，致使鳞茎腐烂。

3. 产品收获与加工

（1）浙贝母收获。浙贝母在立夏前后地上部分开始枯黄（俗称倒苗），是地下鳞茎充分成熟的标志，作为商品浙贝母的应选晴天及时收获。过早收获鳞茎过嫩；过迟收获鳞茎皮厚，折干率下降。收获时，先清除畦面上的秧秆，用木锹铲起6 cm厚表土，放在旁道上，以整个畦面露出鳞茎而不伤贝母为宜，再用锹平贴底部带贝母一起铲起。对于种子田，通常采用原地越夏保种，贝母植株枯黄前，在贝母行间套作大豆等浅根性作物，可起到遮阳降温和提高土地复种指数的作用。越夏期间多雨季节，及时排除田间积水。此外，禁止人畜在畦面上踩踏。

（2）浙贝母加工。将收获的鳞茎洗净泥沙。挑大的鳞茎挖去贝心芽，加工成元宝贝；小的鳞茎不挖贝心芽，加工成珠贝；挖下的心芽，可加工成贝芯。把分好的鲜浙贝母，放入机动或人力撞船里撞去表皮，当表皮渗出浆液时，每50 kg鲜浙贝母放2 kg石灰，继续撞击至浙贝母全部涂满石灰为止，取出摊开，在阳光下晒干，装入麻袋放室内，让浙贝母内部水分渗出（发汗），再晒1～2 d就可以晒干。如遇雨天或连续阴雨天气，必须放在通风地方摊薄阴干或用火烘干，但火力不可过猛，要随时翻动，否则使贝母成为发硬的“僵子”，而造成损失。

4. 模式技术推介

【葡萄园套种浙贝母、毛豆模式】

该模式利用浙贝母与葡萄间作再套种毛豆，能有效地利用葡萄秋冬季落叶空闲期种植贝母，而5月以后，葡萄展叶发挥其遮阴作用，可为贝母提供适宜的生长环境，毛豆根瘤菌具有固氮作用且秸秆还田可作葡萄园土壤的有机肥源，因而具有良好的综合效益。通常情况下，该模式每亩产葡萄800 kg、浙贝母1 000 kg、毛豆青荚500 kg，每亩产值达2万元以上。

茬口配置：9月中旬至10月上旬，在葡萄两行的中间作畦，种植浙贝母；翌年5月上旬，浙贝母倒苗后，于5月中旬在其畦面种植毛豆；9月上中旬，毛豆采收，毛豆采收结束后即可采挖浙贝母上市。

【“浙贝母+（雪菜—玉米/毛豆）”多熟种植】

该模式在秋播时浙贝母与雪菜间作，雪菜采收后种植鲜食玉米，采收青果穗，然后再套种毛豆。每亩可收获浙贝母800 kg、雪菜1 000～1 500 kg、玉米青果穗700 kg、毛豆青荚300 kg。

茬口配置：140 cm为一组合，畦面宽115 cm，畦沟宽25 cm。10月上旬在115 cm畦面上播种4行贝母，行距20 cm，株距4 cm，两个边行距畦沟各27.5 cm，10月中旬在贝母行间种植3行雪菜，两行种在畦沟边上，一行种在畦面中心。翌年4月上旬在畦沟中套作1行玉米，单行双株，每亩密度5 000株。5月上旬贝母倒苗后，在玉米行间的贝母空幅中种植2行毛豆，行距40 cm，穴距25 cm，每穴播种2～3粒。

十七

芦　稷

沙里人钟情的“糖棒”

以崇明、启东、海门一带的沙地种植最集中。这里乡间，夏、秋芦稷成熟季，家家户户宅前屋后满眼的芦稷穗随风摇曳，实是一道不可多得的乡野风景。适期采收的芦稷，茎秆含糖量和出汁率均最高。茎秆去皮后，气味清香，入口松脆，鲜爽多汁，甜而不腻，是沙里人的最爱。“启东芦稷”获国家农产品地理标志登记保护。

房前屋后种植的芦稷

田边地头种植的芦稷

大棚种植的芦稷

切成段的芦稷茎秆

芦稷秆去皮食用

（一）基本概况

1. 起源与分布

芦稷系禾本科高粱属植物，普通粒用高粱的一个变种，又名甜高粱。因地域不同，俗称甜芦粟、糖高粱、芦穄、芦黍、芦粟、甜秆等。起源于非洲，非洲、印度和中国都是多态性丰富的地区。在我国种植区域极其广泛，北起黑龙江，南至四川、贵州、云南；西自新疆、甘肃，东至江苏、浙江、上海都有栽种，特别是长江下游地区尤为普遍。

2. 种植历史

魏晋时期经印度传至国内，作为青贮饲用及制糖作物被长期栽种，有“北方甘蔗”之称。

古籍记载或是古诗中，常用的是芦“穄”一词。唐代时期，徽州的《新安志》讲到甜高粱时，就写成“芦穄”。元代，著名画家诗人王冕隐居在九里山时，所作《九里山中》的诗中写道：“九里先生两鬓皤，今年贫胜去年多。敝衣无絮愁风劲，破屋牵萝奈雨何。数亩豆苗当夏死，一畦芦穄入秋瘥。相知相见无他语，笑看生前白鸟过。”崇明现在存世最早的一部县志是明代的《正德志》，所写的也是“穄”字，并记载美国最早的甜高粱品种“中国琥珀”就是1853年通过法国从上海崇明引进。民国年间编纂的《崇明县志》，亦写作“芦穄”。

在长江下游的无锡、苏州和上海一些郊区，则被叫作“甜芦粟”。而写成“芦稷”的，则是因为“稷”和甜芦粟的“粟”字同义，而且与社稷的“稷”同字，显得大气。

3. 利用价值

芦稷具有生长周期短、地域适应性强、生物产量高、用途广泛等特点，在生产中可作为粮食、糖料、饲料、药用、能源等作物进行开发利用。芦粟茎秆鲜嫩、富含糖分，除直接生食外，还可用于制糖、制酒，也可以加工成优质饲料。秆渣可用于制中高级纸张、纤维板和乙醇燃料，经发酵后可制乙醇、丙酮、柠檬酸等。芦粟籽粒可作家禽、家畜的精饲料，叶是羊、牛的青饲料，颖壳可用于提取色素，穗脱粒后可编扎笤帚。

（二）特征特性

1. 形态特征

芦稷是须根系，根系粗壮。成熟植株的根深可达1.2 ~ 1.5 m，宽度可达1.5 m。土壤疏松，根系则发达。

秆粗秆直立，基部具支撑根。通常植株高4 ~ 5 m，多汁液，味甜。茎秆一般有12 ~ 17节，基部2 ~ 3节较短，中上部节较长（35 ~ 45 cm）。早熟品种较矮，晚熟品种较高。茎秆外部坚硬，内部为髓所填充，糖分大部分储藏于髓中。表皮多被有白色蜡质，干旱时能防止水分蒸发，淹水时能防止水分渗入茎内。

叶互生，由叶片、叶鞘和叶舌组成。叶鞘很长，紧紧抱住大部或全部的节间。叶片带状披针形，叶扁平无毛，叶色深绿，叶面光滑，具有肥厚中肋，主脉为青绿色。叶表被有蜡粉，有减少水分蒸发的作用。

圆锥花序，颖果呈圆形、扁圆形、卵圆形或椭圆形。种子较小，千粒重15 ~ 28 g。种皮一般含有单宁，略具涩味，一般颜色较深的籽粒含单宁较多。

2. 生长习性

芦稷是喜温作物。当温度降至10 ℃以下时，幼苗即停止生长，0 ℃以下即受冻害。温度在10 ~ 12 ℃时，播种到出苗需12 d左右；温度在15 ~ 18 ℃时，8 d左右即可出苗。出苗至拔节的适宜温度20 ~ 25 ℃，拔节后至抽穗的适宜温度25 ~ 30 ℃，开花期以25 ~ 28 ℃最利于授粉。开花以后要求有较大的昼夜温差，以利于茎秆糖分和籽粒营养物质的积累。

芦稷喜光。强光下芦稷生长健壮、品质优、产量高。从播种到收获，春播需120 ~ 140 d，秋播需105 ~ 120 d。

芦稷具有很强的抗旱耐涝能力，特别是在生长后期尤为显著。它的根系发达，入土深，分布广，加之茎秆和根系的细胞均具有较高的渗透压，从土壤中吸收水分的能力很强。其茎叶表面具有一层白色蜡粉，能够减少蒸腾作用。遇旱时叶片又能自行卷缩，以减产水分蒸发。

芦稷具有较强的耐盐碱能力，对土壤的适应能力很强，无论在松散的沙壤土上还是黏重的土壤上均可栽培，pH值5.0 ~ 8.5时均能很好地生长，但以肥沃疏松、排水良好的壤土或沙壤土最为适宜。

3. 品种类型

根据穗型，可将芦稷分为散穗型、侧散穗型、中紧穗型和紧穗型等品种类型。

根据籽实颜色，可将芦稷分为白色籽实、浅黄色籽实、粉红色籽实、棕色籽实、红褐色籽实和褐色籽实等品种类型。

（三）区域特色

1. 农耕历史

称得上清代掌故的百科全书《清稗类钞》中有这样一段关于农作物的产地文献："芝麻以洞庭湖南北为多，芸薹以粤域为多，甘蔗以闽粤二域为多，芦粟以江淮两域为多，崇明尤佳。"这段内容提到芦稷（即文中所指"芦粟"）主要集中在江淮流域地区，特别是崇明出产的品质出色。

崇明、启东、海门等地以及周边地区，历史上几乎无家不种、无人不吃，由于过去物质匮乏、零食很少，能尽情吃的东西更少，唯有芦稷甘甜汁多，种在墙角、田埂边，不需要花钱买，随手砍下几根，削去嫩梢，撕了叶子，斩下老根，再将芦稷剁成尺长的一节节，撕去皮后便是天然的糖棒。咬一口，嚼几下，脆生生，甜津津，甜汁嚼满嘴，沁人心脾，很是解渴。在炎炎的夏日里，一家人饭后乘凉，大家围坐在桌边闲聊，几乎少不了芦稷，边聊天边嚼着芦稷，满嘴甘甜，那可是全家人最惬意的时光。除了自己享用之外，乡人们还将芦穄斩成一捆捆作为送人的礼物。假如长途出行，随身也少不了带上一扎芦稷解乏止渴。这里乡间流传着许多关于芦稷的谜语等故事，如谜面"一棵树，高又高，浑身挂满绿绸条，砍一刀，往下倒，孩子乐得咧嘴笑"的谜底就是"芦稷"。

中华人民共和国成立后最困难的时代，芦稷曾立过大功。那时候，红糖、白糖等物资紧缺，很难满足供应。这里的人们就自制"芦稷糖"，把芦稷皮去掉，切成小段，放入石臼里，略加捣碎，再捞出来，装入布袋，用力将布袋里的芦穄汁挤到铁锅里，然后点火烧煮，熬成米黄色的犹如牛皮糖般的"芦稷糖"，用"芦稷糖"替代红糖、白糖。

1991年10月16日，时任中共中央政治局委员、国务院副总理的吴学谦等一行，来南通市视察工作时，特意地问道：“今年的甜芦粟还有吗？”吴学谦出生于上海，从小对芦稷很熟悉，此时又逢秋季，正是甜芦稷成熟的时候，自然会忆起童年。来通后第二天，吴学谦一行就吃上了记忆中的“土甘蔗”——芦稷。离开南通返回北京时，还特地带回了六小节南通的甜芦稷，以便给生长在京城的女儿尝尝。

2. 传统生产

崇明、启东、海门等地，几乎所有人家的宅前屋后都有种植芦稷，或是利用田边地角、菜园瓜地进行栽种。这里的土壤、气候特点，使得种出的芦稷肉质松脆、汁多味美。芦稷主要当成水果食用。头熟芦稷成熟于炎炎盛夏，晚熟芦稷成熟于金秋时节。种植芦稷，先得选种育苗，移栽后3个半月即可食用。

每当夏、秋季节，是芦稷的成熟的时候，家家户户宅前屋后满眼的黑、红色芦穄穗随风摇曳，实是乡野一道不可多得的靓丽风景。

采芦稷的人，都会带着砍刀，方便对芦稷切割分段。削去嫩梢，撕了叶子，砍下老根，将芦稷剁成一节节。牙齿咬住顶端，撕扯去皮后，便可直接食用。吃芦稷时，最要小心的就是撕芦稷皮，稍有不小心，似篾片般锋利的芦稷皮就会将嘴巴或手指划破出血。

芦稷成熟后，过时不收的话，肉质会变硬、失去松脆易嚼的口感。收割后的芦稷最多也只能存放三四天，超期存放就会使外皮发红、发霉、发干、汁水流失。旧时，秋熟芦稷成熟后，乡间会把来不及吃的芦稷，选择阴凉、干燥、清洁的房前屋后或树荫下的空地，连枝带叶挖土填藏，使其透气不透水，等到冬天甚至是开了春的时候再拿出来吃，这种掩埋储藏的方法在当地叫作“填芦稷”。准备填藏的芦稷，要将芦稷连根拔起，而不能用镰刀收割，要不去穗、不打叶，进行整体填藏。

在地里填埋了一个秋冬的芦稷，味道比新鲜的汁更多、味更甜，且甜中还带有醇香味。

3. 产业发展

崇明、启东、海门等地，种植芦稷一直传承至今，并成为当地的重要特色农产品。独特的风味和品质，受到越来越多消费者的青睐。

通常把芦稷茎秆切成一段段约50 cm长，捆扎在一起进行出售，水果店或临时营销点都可以买到。一些种植大户和合作社，挑选出品质好的芦稷秆去头去尾，一段一段切好，加以包装再装箱销售。崇明、启东、海门等地芦稷种植面积不断扩大，逐渐形成一批规模化种植基地，产品除了满足本地市场需求外，产品还销往上海、南京、苏州等等大中城市。

海门区常乐镇培才村、启东市合作镇周云村等地，发展芦稷电商销售，市场火爆。海门区的培才优选农产品专业合作社，2021年8月第一场抖音平台直播，新号首播就卖出了400份芦稷。目前，培才村的芦稷种植户达到了上百户，全村芦稷种植面积超过了200亩。2023年6月23日，成功举行了“常乐培才首届芦稷节”。

4. 名特产品

【启东芦稷】

2018年9月，中华人民共和国农业农村部批准对“启东芦稷”实施农产品地理标志登记保护。地理标志地域保护范围包括启东市辖区内的原汇龙、北新、王鲍、合作、吕四、海复、南阳、惠萍、寅阳、东海、近海、启隆12个镇（乡）全部陆地区域。地理坐标：北纬31°41′06″~32°16′19″，东经121°25′40″~121°54′30″。

外在感观特征：启东芦稷节间长30~45 cm，圆柱形，形似青竹，表皮翠绿、质坚硬；去皮后，果肉淡绿色，有纵状纤维，芯部呈乳白色，气味清香；入口松脆，鲜爽多汁，甜而不腻。

内在品质：葡萄糖≥2%，蔗糖≥3.7%。

（四）种植管理

芦稷可春、秋两季播种，生产上多采用育苗移栽种植，应选择在地势平坦、排灌方便、土壤肥力中等的田块种植。

1. 播种育苗

壮苗标准：植株苗高25~30 cm，茎粗0.8~1.0 cm，叶龄3~4叶。

苗床制作：每亩大田需苗床面积22.5 m^2。育苗地，先清除杂草垃圾，均匀施用腐熟有机肥200 kg、复合肥5 kg，均匀撒施后耕翻耙平，基肥和床土充分混合后作畦，畦面宽120～150 cm，畦高20～25 cm。

精细播种：春季播期幅度较大，3—5月均可育苗。秋播在小暑节前育苗，秋季育苗应覆盖遮阳网，以利于出苗早、全苗。播种前在做好的畦面上浇足底水，适墒播种。选择品质优良、茎穗粗壮、穗粒饱满成熟的籽粒作种子，每亩用种量250 g，均匀撒播在畦面，播后用细土盖籽，覆土厚1 cm。

苗床管理：3月上旬播种需用小拱棚薄膜覆盖育苗。播种到出苗期密闭薄膜，增温保湿促全苗，白天温度保持25～30 ℃，一般5 d即可出苗；见苗到齐苗前，中午床温如超过40 ℃，应采取不揭膜通风降温方式，控制床温在40 ℃以下；齐苗到2叶期，温度保持25～30 ℃；2叶期到移栽前，苗床两头通风，床温保持20～25 ℃，后期适当揭膜炼苗，促使壮苗老健；移栽前1周，夜间揭膜炼苗。露地育苗的应加强水分管理，播后用稀人粪尿泼浇，若遇干旱天气，则在播后第3天浇足水，以促进早苗齐苗。出苗后每亩施尿素5 kg作断奶肥。2叶期间苗，去除小、弱、病苗，留健壮苗200株/m^2。及时拔除杂草。拔栽前一天浇透水，以防拔秧时伤根。

2. 整地定植

施肥整地：纯作芦稷，移栽前清理前茬秸秆，每亩施基肥优质农家肥1 500 kg、复合肥30 kg，均匀施撒后耕翻，然后浅旋耕整平。间套种芦稷，在前茬作物行间耕翻开沟施用基肥。

移栽定植：芦稷移栽秧龄以20～25 d为宜，不宜超秧龄。纯作时，通常宽窄行种植，一般大行距120 cm、小行距80 cm，株距25～30 cm。间作田块，通常每隔3～4 m种植1行，株距33 cm。移栽时，拉绳开好移栽沟，沟深5 cm，将植株上部叶片切去1/2，以利于缩短缓苗期、提高成苗率。移栽后壅土，浇足活棵水，随后连续浇水3 d，浇水时间以下午4时以后为好。芦稷活棵后要及时松土锄草、壅根，防止土壤板结和倒伏。

3. 田间培管

肥水管理：掌握“前轻、中重、后补足”施肥原则。活棵后，结合松土除草每亩施尿素5 kg作苗肥，促使早发棵。拔节期，在小行中开沟，每亩施用硫酸钾型三元复合肥15 kg，随后盖土，促进节间伸长。以后直至成熟不再施肥，防止植株得氮耗糖，影响茎秆甜度。孕穗前，叶面喷施0.2%磷酸二氢钾溶液，间隔7 d再喷1次，共喷2～3次，提高甜度和品质。生长期间，如果遇有干旱需及时浇水灌溉。

病虫害防治：芦稷虫害主要有蚜虫、大螟、玉米螟等，病害主要有根腐病、病毒病、小斑病等，注意及时防控。

4. 产品收获、贮藏和留种

（1）芦稷收获。芦稷抽穗后10 d左右，茎秆上出现白粉，籽粒处于蜡熟末期，穗子变成红色或黑色，籽粒饱满，此时茎秆含糖量和出汁率均最高，是芦稷最佳收获期。收获方法：先用砍刀在距地面10 cm处把茎秆砍断、放倒，去除叶子和穗，即可整根上市出售，也可以把茎秆切成段，装入礼品盒出售。生产中，在抽穗初期拔去穗头，能加速养分积累，芦稷收获可提早10～12 d。拔去穗头后，当顶部第1节位抽出腋芽时，即可收获。

（2）芦稷贮藏。秋播芦稷成熟收割后埋在土中，可贮藏到春节前后取出上市，收效更高。贮藏方法：选地势较高、背风向阳地块，挖出深1 m的坑，坑的长度根据芦稷株高、宽度及芦稷量多少而定；坑底先浇足底墒水，以坑底地面不积水为标准；芦稷收获时带根挖出，去叶后整根整齐摆放在坑内，上面覆盖芦稷叶作隔离层，然后将挖出的坑土回填，回填土要隆起并高出地面约30 cm，整平拍实；雨雪天坑面覆盖草帘或薄膜。入冬后，在坑面堆放秸秆以防冻害，这样可一直储存到春节以后，其口感、甜度不变。

（3）芦稷留种。芦稷采收期间，选择植株高大粗壮、节间长、无病虫害、甜度高、具有本品种典型特征特性的芦稷穗子，分品种采收和脱粒，清除杂质后晒3～4 d，然后储存作为种植用种。

5. 典型模式

【大田芦稷茬口衔接模式】

大田种植芦稷的茬口较多，可根据茬口类型，灵活调整芦稷种植的行距、株距配置。

接茬蔬菜纯作模式：3月底前收获清茬的蔬菜地，芦稷可进行纯种。

夏熟作物套种模式：1.33～2.00 m组合的蚕豆行间，芦稷可进行套种。

春播作物间作模式：芦稷可与瓜类、大豆、蔬菜、花生等作物间套夹种，实行立体种植。

主要参考文献

蔡爱琴，王高勤，肖承璋，2019. 振兴如皋荞麦产业的几点思考[J]. 农业科技通讯（10）：14-16.

常庆涛，谢吉先，2008. 优质小杂粮[M]. 南京：江苏科学技术出版社.

花爱梅，周志宏，钱晓林，2006. 如皋萝卜生产现状与发展对策[J]. 长江蔬菜（8）：66-67.

黄春燕，张俊，刘云梅，2020. 地方特色蔬菜如皋黑塌菜的特征特性与栽培技术[J]. 农业科技通讯（8）：316-317.

季晓琴，朱建，张亚蓓，2019. 秋冬桑园夹种黑塌菜技术与效益分析[J]. 江苏蚕业，41（3）：29-31.

姜荣芳，2023. 南通地理标志[M]. 南京：江苏人民出版社.

李建，黄冬梅，沙宏锋，等，2016. 如皋黑塌菜优质高效生产技术规程[J]. 长江蔬菜（21）：29-31.

李林，陶正明，郑坚，等，2006. 南通产浙贝母茎在浙南地区高产机理初探[J]. 中国中药杂志（3）：250-252.

林汝法，柴岩，廖琴，等，2002. 中国小杂粮[M]. 北京：江苏科学技术出版社.

刘建，2008. 区域优势作物高产高效种植技术[M]. 北京：中国农业科学技术出版社.

刘建，2009. 四青作物优质高效栽培技术[M]. 北京：中国农业科学技术出版社.

刘建，2011. 特种蔬菜优质高产栽培技术[M]. 北京：中国农业科学技术出版社.

刘建，2014. 江苏裸大麦[M]. 北京：科学技术文献出版社.

刘建，2015. 杂粮作物高产高效栽培技术[M]. 北京：中国农业科学技术出版社.

马兴华，2018. 如皋香堂芋大棚长季高产栽培管理[J]. 特种经济动植物，21（12）：38-39.

沈红琴，曹顶华，盛忠辉，2004. 香沙芋地膜覆盖早熟高产栽培[J]. 上海蔬菜（6）：37.

沈华，宋永飞，施晓辉，等，2015. “葡萄+浙贝母—青毛豆”高效种植模式及配套栽培技术[J]. 上海农业科技（6）：161-162.

孙超，武孔云，林昌虎，等，2015. 中药材栽培与加工技术[M]. 北京：科学出版社.

陶建新，2009. 大棚青皮长茄—越冬莴苣高效栽培技术[J]. 中国瓜菜，22（6）：39-40.

万静，王禹昕，薛亚鹏，等，2023. 白蒲黄芽菜优质轻简化高效栽培技术[J]. 长江蔬菜（17）：49-50.

王高勤，周宝裕，陈本强，等，2002. 如皋萝卜[J]. 中国蔬菜（1）：1.

王禹昕，章勇，王妮颖，等，2023. 如皋黑塌菜速冻加工技术[J]. 上海蔬菜（5）：68-69，81.

吴雯雯，陆兵，2016. 南通薄荷产业现状调查及发展对策与建议[J]. 上海蔬菜（5）：15-16.

张云辉，2016. 海门市浙贝母高产栽培技术初探[J]. 农民致富之友（10）：152.

赵晓燕，2015. 启东青皮长茄特征特性及高产栽培技术[J]. 上海蔬菜（6）：21-22.

赵云，2023. 海门区大棚金花菜—青梗菜（小青菜）全程机械化耕作技术探讨及分析[J]. 农业开发与装备（2）：34-36.

周崇伟，2006. 黄花苜蓿的开发与利用[J]. 中国酿造（1）：52-54.

周险峰，2017. 芦稷的特征特性与高产栽培技术[J]. 上海蔬菜（6）：89-90，95.

朱晶华，韩明，2012. 白蒲黄芽菜无公害栽培技术规程[J]. 农业科技通讯（12）205-206.